图书在版编目（CIP）数据

贪玩的人类：写给孩子的科学史 / 老多著；郭警绘 . —
长沙：湖南少年儿童出版社，2017.4（2021.5重印）

ISBN 978-7-5562-2654-2

Ⅰ . ①贪… Ⅱ . ①老… ②郭… Ⅲ . ①自然科学
史－世界－少儿读物 Ⅳ . ① N091-49

中国版本图书馆 CIP 数据核字（2016）第 160520 号

贪玩的人类：写给孩子的科学史
TANWAN DE RENLEI: XIEGEI HAIZI DE KEXUESHI

策划编辑：周　霞　　　责任编辑：刘艳彬
装帧设计：任凌云　　　质量总监：郑　瑾
出 版 人：胡　坚
出版发行：湖南少年儿童出版社
地　　址：湖南省长沙市晚报大道 89 号（邮编：410016）
电　　话：0731-82196340 82196341（销售部）82196313（总编室）
传　　真：0731-82199308（销售部）82196330（综合管理部）
常年法律顾问：北京市长安律师事务所长沙分所　张晓军律师
印　　刷：当纳利（广东）印务有限公司
开　　本：787mm×1092 mm　1/16
印　　张：19.25
版　　次：2017 年 4 月第 1 版
印　　次：2021 年 5 月第 5 次印刷
定　　价：128.00 元

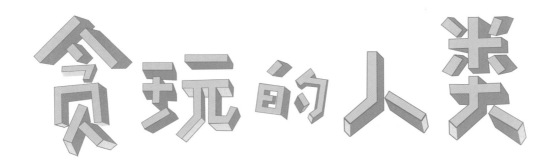

贪玩的人类

HISTORY OF SCIENCE FOR CHILDREN

写给孩子的科学史

老多——著 郭警——绘

湖南少年儿童出版社
HUNAN JUVENILE & CHILDREN'S PUBLISHING HOUSE

序 言

　　老多在这本书里，给小朋友们讲了好多个人类历史上贪玩的玩家的故事。

　　什么叫贪玩的玩家呢？这本书里讲的贪玩的玩家，其实就是科学家。科学家怎么成了贪玩的玩家呢？咱们想一想，科学是什么呢？科学就是人类对大自然的认识，比如动物学里有一类动物叫灵长目。不懂科学的猴子不知道，它们和人类一样都属于灵长目动物。人类还发现了许多大自然的规律，比如万有引力定律。不懂这个科学定律的考拉妈妈永远也不会知道，为啥一下子没抱住，自己的宝宝就会从树上掉下去。可科学是怎么来的呢？科学就是许许多多心里充满好奇的人，通过他们对大自然的观察和研究以后得到的。这种因为好奇心去观察大自然，研究大自然的行为，和现在小朋友们玩脑筋急转弯、玩拼字游戏、到野外旅行、在大自然里玩、夜里和爸爸一起站在夜空下看星星、数星星玩，是不是差不多呢？所以科学就是人类因为好奇心对自然万物，对深邃宇宙的探索和追问，这些探索、追问和玩是一样的。

　　老多为什么会想起来写这样一本书呢？

　　现在大家的生活比老多小时候不知好了多少倍。老多小时候连电影都看不上，现在电影院到处都是，电影还有 3D、4D 的。现在大家兜里的钱也比以前多了不知多少倍。老多小时候，想买一本几毛钱的小人书都买不起，可现在谁还会买不起一本小人书呢？不过老多小时候有些事情，现在却不太常见了，啥事情呢？现在的小朋友 3D、4D 电影可以天天看，兜里的钱可以买好多书，可是心里的好奇心越来越少了。有一次老多去武夷山旅行，武夷山是中国植物和昆虫的宝库，老多在山上走着，会时不常钻进树丛里，去看藏在树叶下面的小虫子。有一次老多真的发现树丛里有一只非常漂亮的昆虫，于是老多就钻进了树丛。几个陌生人看见老多钻进树丛，于是也跟着老多钻了进去。他们问老多："这里有什么啊？"老多指着树叶上面那只昆虫说："你们看，这只昆虫多漂亮！"这些人回答："嗨，就一只虫子啊！我还以为有什么宝贝呢。"然后他们转身都走了。这样的事情老多碰到不止一次。老多觉得，科学来自好奇心，无论现在大家都在说的引力波、暗物质、强子对撞机，还是围绕木星旋转的朱诺探测器，这一切科学探索的源泉都来自人类对大自然、对宇宙的好奇。一个国家的小朋友大朋友，如果心中的好奇没了，那么这个国家的科学必定不会进步。于是老多觉得，有必要写一点东西让大家知道，好奇心对科学有多么的重要。

这本书里讲的都是一些满怀好奇心的人，讲的都是他们对大自然中某种现象产生好奇、探索、研究，最终成为伟大的科学家的故事。大家在故事里可以看到，无论多么伟大的科学家，他们做的事情其实我们每一个人都会做。所以只要心中有好奇，我们每一个人都可能成为最伟大的科学家。

感谢我的父亲，是他让老多一直到现在还对这个世界充满了好奇。感谢我的母亲，感谢她养育了老多，让老多活到现在，并可以写这本书。老多亲爱的妻子也是必须要感谢的，没有她，没有她的理解和支持，老多写不出这本书。还要感谢一位朋友，是她在老多写这本书的初期，给予老多绝妙的建议，让这件本不该很好玩的事情，变得好玩起来。

最后还要深深感谢我的朋友姜韬先生，在老多的写作过程中，姜先生极好的意见和建议，每每让老多茅塞顿开，深得教诲，也让这本书更加充满乐趣。

老多

2016 年 7 月 16 日于北京多草堂

目录

引子 001

▶　很久很久以前，有一个很老很老的老头，他叫亚里士多德，他认为，科学的产生需要具备三个条件：惊异、闲暇和自由。贪玩的人类需要这些，而科学更需要这些贪玩的人类。

引
子

这年头儿，要是电视广告上说奔驰公司新推出一款百千米耗油不到 5 升的新车，或者苹果公司又推出一款全新的 iPod，当然也包括游戏公司推出的全新电玩"植物大战僵尸"，这简直太棒了！隔壁邻居家的小孩坏坏看见这些广告肯定马上就疯了，恨不得第二天就把"植物大战僵尸"所有关卡一次玩过。

除了奔驰、苹果、最新电玩游戏，NASA 在大西洋边上支起了一个几十层楼高的大家伙，冒出一股白烟，呼的一声就飞上了天，那速度比坏坏他老爹养的虎皮鹦鹉飞得不知快了多少倍。而且这个大家伙能在几个月以后咯噔一声落在火星上，还从里面爬出一个瞪着俩大眼睛的机器人。这就是"机遇"号火星探测器。知道地球和火星之间的距离有多远吗？最近的时候是 5500 万千米，最远的时候能跑到 4 亿千米以外去。坏坏的老爹去年开车带着坏坏去了一趟青藏高原，来回用了将近一个月，那叫一个爽。可满打满算这一趟也没超过 15000 千米，比火星离咱们最近的时候还差了几千倍。

这是大的，还有小的。一个用最时髦的纳米技术造的机器人，能在你的血管里到处跑，还能帮你把血管里的什么血栓之类的脏东西给弄下来。

这些听了就能让人浑身是劲、令人疯狂的玩意儿都是靠啥整出来的呢？大家也都明白得很，是靠科学。不过，尽管这些新产品新游戏的推出全得仰仗科学，可要是提起科学或者科学家啥的，肯定不会有人为之疯狂，估计好多人还会觉得浑身不自在，尾巴骨发凉，马上躲得远远的，避之唯恐不及。

为什么呢？这是因为大家都觉得，科学太神奇、太厉害了。这么神奇、这么厉害的科学，肯定不是咱们这些草民可以关心的，所以大伙儿一听见科学二字，不赶快跑还等啥？

不过话又说回来了，科学根本没那么玄乎，很多时候，科学是玩出来的！

"50 后"或者"60 后"应该还记得，小时候没有半导体收音机，只有

贪 玩 的 人 类
写 给 孩 子 的 科 学 史

一种叫矿石收音机的小玩意。这是在半导体二极管发明以前，一种用天然矿石晶体作为高频检波器的非常简单的收音机。那时候很多小朋友都特别爱玩这种矿石收音机，跑到北京当时著名的无线电爱好者圣地——西四丁字街花一两块钱买一个矿石和可变电容器（也叫单联）。回到家里自己用漆包线绕一个大线圈，再弄一根长长的天线，另一根电线接在暖气管上。然后戴上耳机，趴在桌子上扒拉那个矿石的接触点，突然耳机里出声音了，"小喇叭开始广播啦……"，一台矿石收音机就这样制造成功了。为此，这些现在已经是60岁上下的"小朋友"们会高兴得满地打滚。

不过玩矿石收音机只是小朋友课余时间的业余爱好，真正的科学家也爱玩吗？

没错！就拿飞上天的火箭来说吧，发明火箭的那个美国佬——戈达德就是一个大玩家，现在也叫"发烧友"。16岁的时候戈达德看了一本叫《星际战争》的书，这本书让戈达德如痴如醉。在大学毕业当上教授以后，这位超级"发烧友"有点闲钱了，就自己花钱玩火箭，因为他想把自己送到某颗星星上去当国王。可那时候飞机才发明没多久，根本没人知道怎么才能飞到星星上去，更别

说参加星际战争了。不过戈达德不管这些，他发明了一套能在真空里干活的发动机，然后造了一个又细又长的大鞭炮，大冬天的给支在了雪地里。电钮一按，轰的一声大鞭炮飞了出去。这个大鞭炮就是现在大名鼎鼎的火箭。不过老戈的这个火箭和咱们春节放的二踢脚差不多，飞了几十米高就掉了下来。可你知道吗？戈达德这么一玩结果就让自己成了"火箭之父"。

还有那个提出相对论的物理大师爱因斯坦，他也喜欢玩，也是玩出来的科学家。小时候爱因斯坦挺笨的，功课也不好，5 岁的时候就喜欢玩罗盘，其实就是指南针。那上面的小针总是指着南北两个方向，太神了。不过爱因斯坦和戈达德玩的方式不太一样，他喜欢在脑子里玩，爱琢磨好玩的事。那时候，大家都对光的速度很感兴趣，并且计算出了光的传播速度是 30 万千米／秒。这可让爱因斯坦乐坏了，心想这下可有的玩了。他想如果人要是能以光速运动，那这个世界会咋样呢？没想到这个想法却成了他研究相对论的根，那时他 16 岁。

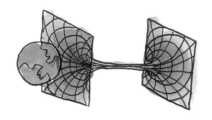

　　善于用脑子玩的还有一位，他就是英国科学家霍金。霍金小时候没有残疾，他的功课也不太好，可他喜欢自己造玩具，而且会造很复杂的玩具。不过很不幸，霍金得了一种很奇怪的病，会使肌肉萎缩，后来连话都不能说了。于是他只好在想象中生活，在想象中玩。如今他玩出来的东西，啥宇宙弦理论、膜理论没几个人能弄明白。可是他写的书《时间简史》《果壳里的宇宙》卖得很火，因为大家都觉得霍金很神奇，都想看看他在玩啥。

　　也许大家会问，这该不会是胡扯吧，科学怎么是能玩出来的呢？那些满脸严肃的大学教授，还有中学里分判得挺严、眼镜片挺厚的物理老师可绝对不像会玩的人啊？这一点儿都没错，如今有些科学家确实有点儿像外星人，差点儿人情味儿。而且见着不太懂科学的人他们更牛，摆出一副自己啥都明白的样子，大棍子抡圆了把你教训得没地方躲。好像除了他谁都不懂科学，科学只有他知道似的。此外，很多科学家写出来的所谓科普文章，看

引　子

一眼以后不会再有人想看第二眼。

那错在哪里呢？错就错在现在大伙把科学看得太神秘、太玄乎、太金字塔了。难怪美国有位先生写了一本书《科学是怎么败给迷信的》，注意书名：科学是怎么败给迷信的，失败已经是结论。其实，现在科学在大众的心里似乎和算命先生、周公解梦、跳大神啥的有点类似了，心存敬畏，无法接近。到底这是为什么呢？

原因很简单，那就是大家忘记了，而且连科学家都忘了：科学其实是玩出来的！

科学绝不像算命先生、周公解梦、跳大神那样无趣又诡秘，科学是非常美妙的。美国著名的物理学家、诺贝尔奖得主、贪玩的费曼在他写的物理书中告诉他的学生们："我讲授的主要目的，不是帮助你们应付考试，也不是帮你们为工业或国防服务。我最希望做到的是，让你们欣赏这奇妙的世界。"

那科学是怎么玩出来的呢？

▶ 人类和地球上其他动物的区别，除了会说话和用两条腿走路以外，那就是好奇心和玩。如果真的有上帝，那么我们应该感谢他老人家给了我们对世界的好奇心，正是这样的好奇心让人类走上了科学之路。

第一章

游戏的童年

以前，也就是很久很久以前，几十万甚至几百万年以前，那时候的人类刚刚学会用两条腿走路。按照达尔文先生在他伟大的著作《物种起源》里提出的进化论推测，人类最初是从和猴子、猩猩差不多的灵长目动物进化而来的。现代的科学家在研究非洲的黑猩猩时发现，它们也会时常用双腿走路，这可能就是人类学步时代的再现。

学会用两条腿走路以后，人就和猴子、猩猩开始有点不一样了。用两条腿走路让人腾出了两只手，所以变得更贼更狡猾了。老虎、狮子的力气比人大好几百倍，可它们只能趴在地上，不会站起来，于是在人面前也只好甘拜下风。不过就算有了手，人还不足以在地球上称王称霸，那时候没有超市也没有麦当劳，更没有可乐和炸薯条，为了能混口吃的，只能在野地或者树林子里到处找。自从腾出了双手，他们找吃的时候方便了很多，老虎、狮子也忌惮三分，因为闹不好老虎、狮子倒很可能被一帮人用大棍子活活打死。

这就是最早的人类。

自从双手解放出来，人类就变得越来越厉害，越来越不得了了。手除了可以拿着棍子、石头打老虎、打兔子，手还有另外一个重要的功能，啥功能呢？那就是玩！用手玩可就比小狗小猫玩的花样多多了。不仅如此，玩还给人类的生活带来了无穷的好处。

在很久很久以前，有那么几个半大小子，平时他们帮着家里人干点活，但他们很贪玩。有一天他们几个跑到树林里去躲猫猫，碰巧看见一只受伤的豹子正疼得在那里哼哼，喘粗气。哥几个一看大喜，悄悄过去抢起大棍子，这只可怜的豹子一瞬间就被哥几个给弄死了。哥几个高兴地扛着胜利果实回到他们住的山洞，好几家人在一起美美地饱餐一顿。"你们几个太棒了！出去玩就能弄回来这么好吃的肉。"大伙儿都夸他们。

这是玩的第一次胜利。还有件事和玩也有关系。

人虽然是从和猴子差不多的所谓灵长目动物进化而来的，灵长目动物基本吃素，可人类打一开始就喜欢吃肉。那时候弄到点好吃的很难，比如弄到一只豹子就很不容易。可好不容易把豹子打回来，怎么把它的肉吃进肚子又是个大问题，因为豹子肉不像野果子，把肉分开太难了。这一点人确实不如老虎，嘴里没有长那么厉害的牙齿，所以每次好不容易搞到一点肉，吃起来却十分费劲。

有一天，一个淘气的小孩子正举着一块石头玩，不小心砸在没吃完的豹子肉上，豹子肉顿时被孩子手里的石头砸开个大口子，嗡的一声一群苍蝇拥了上来。小孩害怕地看着自己的父亲，以为自己闯了大祸。他父亲看见了，嘴里骂骂咧咧的，跑过来刚想抬手，可转念一想这不是把肉分开的好办法吗？他没有打自己的儿子，而是顺手抄起身边的另一块石头，把肉给敲开了。

另外一个人看见了："嘿，这法子不错啊！"他也学着那位父亲的样子抄起一块石头砸下去，可他拿的石头是块鹅卵石，一下子没砸动，肉没有砸开，只是砸了个坑。突然，这个人想起他小时候，在玩一块边缘很锋利的扁石头把手划破的事情，"啊！我知道了，要扁的，带边儿的才行。"于是他跑到石堆里找了一块锋利的扁石头，"哈哈，你们看，这块石头更棒！"

就这样分开豹子肉或者不管其他什么肉就变得相当容易了。

可过了不久，那块石头没那么锋利了，有个人正在费劲地砍着剩下的一点豹子肉，着急得嘴里一个劲儿地大骂。这回还是那个淘气的孩子，他跑到正在骂街的那人面前说："这好办。"说着他拿起另外一块石头砸过去。丁丁当当没几下，那块不锋利的石头上居然又出现了锋利的边缘。啊！原来这个游戏他早就玩过。

大伙儿为这件神奇的事情欢呼雀跃，因为简单而实用的石器就这样给玩出来了。

不过从那几个半大小子在树林里碰见受伤的豹子，到用砸出来的锋利石头砍肉，也许过去了几十万年，甚至更长的时间。

贪 玩 的 人 类
写 给 孩 子 的 科 学 史

但是，无论如何被科学家叫做旧石器时代的人类历史时期，就这样在游戏中悄然来临了，砸出来的锋利石头成了人类不可缺少的工具——石斧（或者叫砍凿器）。

那时候人们弄到猎物，就把猎物撕开或者用石斧砍开，然后生吞活剥地吃掉。这就是所谓的茹毛饮血的时代。

有一回，森林里的一棵大树被一个巨大的闪电击中，大树顿时燃烧了起来，一只没有来得及逃走的羚羊被大火活活烧死在树底下。大火点着了整个森林，足足烧了好几天。有一天一阵大雨把火浇灭了，几个小淘气趁大人不注意跑进刚刚熄灭的森林里去玩，发现了那只被烧得黑乎乎的羚羊。

"嘿，瞧那只羚羊给烧成这样了，哈哈。"孩子们刚想转身离开，突然一股扑鼻的香气飘然而至。

"哇，真香啊！哪来的气味？"孩子们直流口水，于是他们到处找。可找来找去，除了那只烧煳的羚羊，啥也没有。他们谁都不希望这味道是从那只烧煳的羚羊身上发出来的。

"难道是它？"大家似乎发现了什么，一个孩子抓起羚羊的一条腿，没想到那腿掉了下来，更加浓郁的肉香味从撕开的羚羊腿里散发出来。

"哇，真的是它！"于是大伙儿高兴地坐在那只可怜的羚羊旁边痛痛快快地吃了一顿美味的烤羊腿。

人类吃生肉的时代就此结束，也是玩出来的。

从那以后狡猾的人类，尤其是一些特别喜欢玩的人发现，很多事情不是命里注定的，是可以用一些方法去改变一下的，于是他们又玩出好多新鲜玩意儿。

他们不再住山洞，因为有一个人学着鸟儿在树上搭了个巢穴，后来干脆把巢穴从树上搬下来，用树枝和茅草盖上了房子。

　　他们不再让老婆和婶婶去树林里摘野果子充饥，因为有人发现，他在玩土的时候埋在地里的一粒草种子居然长出了更多的种子，于是人类开始种粮食了。

　　他们不再用砸出来的石头，而是用磨出来的石头做工具。

　　还有一部分人从他们烧东西吃的火堆里发现了烧化了的铜，趁铜还没有完全冷却可以打造成各种形状的刀和老婆头上的发卡和簪子，用铜打造的簪子漂亮极了，铜刀比石斧更好使。另外大家还穿上了衣服，不过，这个是不是玩出来的有待考证。

　　于是一个新的时代，由人类而不是恐龙统治的时代——新石器时代随之到来了。人类从此开始成为地球的霸主。

　　上面那些虽然是作者根据想象编出来的不靠谱的故事，但过程基本上没有太大的出入。那么石斧、用火、最初的房子和铜簪子，这些人类的创造就是科学吗？

对不起，还不是科学。现代科学家们发现，学会使用工具的不光是我们人类，黑猩猩、卷尾猴、水獭，甚至大鹦鹉都有使用工具的记录。还有会盖房子的鸟和河狸。难道它们也知道科学？显然不是。

但是人类和黑猩猩、卷尾猴、水獭不太一样，水獭对自己能拿着一块石头敲开蚌壳已经非常满意。但是在千变万化的自然面前，人类渐渐感到自己的无知，美国著名历史学家房龙（Hendrik Willem Van Loon，荷裔美籍作家、历史学家）说："人类一直以来都生活在一个巨大问号的阴影下面。"人类的好奇心比其他动物来得更丰富、更强烈。

亚里士多德在谈论人类哲学和科学产生的原因时这样说："古往今来人们开始哲理探索，都应起于对自然万物的惊异；……一个有所迷惑与惊异的人，每自愧愚蠢；他们探索哲理只是为想脱出愚蠢……"为了摆脱无知和愚蠢，为了摆脱那个巨大的问号，有些人就开始把玩的目的转向更广泛的领域。不过开始还不是科学，在科学还没有出现以前，另外一些事情先出现了。那是什么呢？那就是图腾崇拜、巫术啥的，现在叫做迷信。

这又是怎么回事呢？图腾崇拜和巫术也是玩出来的吗？

那时候没有《不列颠百科全书》，没有谷歌、百度，更搜不到维基百科或者互动百科，让人们感到迷惑的各种自然现象得不到解释。而且那时人类生活极为艰辛，就在如此艰难困苦的情况下还经常会被一些突如其来的灾难——地震、暴雨、洪水或者一个闪电以后发生的大火折磨着。谁也不知道这些恐怖的事情是怎么回事，或者为什么发生。于是有些人就琢磨开了，可琢磨来琢磨去也找不到原因。一些人想，如果是我们无法解释的原因导致了这些可怕的事情，那么这个世界肯定是被另一个无形的力量控制着，这一切一定是被一些比我们更厉害的东西，在我们完全不知晓的情况下操纵着，那它们是谁呢？哦，是不是那些老鹰、老虎、毒蛇或者优哉游哉的老牛呢？你别看它们好像啥都不知道，其实它们时刻都在注视着人类，于是大家对那些神秘而又可怕的动物产生了畏惧。

图腾就这样出现了。

于是，大家开始崇拜那些会给他们带来灾难的图腾，既然这些图腾会掌控所有恐怖的灾难，咱们得对它们好点。可怎么才能向它们示好呢？那就想尽一切办法去讨好它们，它们可能就会稍微客气一点。这样慢慢就成了一种规矩，每到一个特定的时候，比如太阳刚好从东边的山尖上升起来的时候，大家就会聚在一起，对着东边那个山尖发誓：我们一定会遵从您的指教，请您务必别再让洪水从山上冲下来。然后大家把一只羊、一头牛甚至是一个小孩绑在柱子上奉献给这个伟大的图腾。这样的事情做得多了，做了几十年、几百年甚至几千年，又碰巧有几次在祭拜完图腾以后，这一年真的是风调雨顺，于是大家就更加相信：这个伟大图腾的无形力量是多么巨大，而他们的祭拜也就更加有必要了。

　　跟着图腾崇拜一起到来的是巫术。妻子难产、妈妈生病还有小孩晚上说梦话，这些也可能是什么无形的精灵在搞鬼吧？怎么办？有个人出来说，让我来。他用一根棍子在难产的妈妈脑袋上转了三圈，嘴里还念念有词，他正念着，小孩哇的一声落地了！啊！这个人太厉害了，他能和精灵交流，于是他被奉为巫师。其实他们自己也不知道自己到底干了些什么，孩子就生下来了。不过人类的这些行为直到科学非常昌明的现代也没有完全消失，因为在很多偶然的情况下巫术确实对人的心理产生了很好的安慰作用，所以有一些人宁愿相信这些，当然并不一定就不相信科学。

　　美国的一位科普作家斯潘根贝格在他的著作《科学的旅程》中说："科学实际上与巫术同根——它们都源于想要知道和理解我们周围的世界……"那科学是什么时候才出现的呢？

前面说了，科学的产生要仰仗三个条件：好奇、闲暇和自由。无论在旧石器时代还是新石器时代，人类不缺乏好奇，缺乏的是闲暇和自由。那时候弄点吃的实在太不容易，所以除了小孩子，基本没人有闲暇的时间去玩。自由更没有了，在如此艰难的生活环境里，生存是最大的问题，哪里有自由可言。

人类另一个时代让有些人具备了那三个条件，那个时代叫奴隶时代。

泰勒斯被称为世界历史上第一个科学家，他是古希腊人。但这并不是因为泰勒斯创造出了什么让希腊人骄傲的伟大发明或者理论，而是因为泰勒斯举起了一面大旗，这面大旗不仅仅是希腊人的骄傲，而且是整个人类的骄傲。

第二章

最老的玩家
泰勒斯

　　这里说的奴隶时代是指人类发展历程中的一个时期。这时，人们用上了越来越好使的金属工具,住进房子,学会种庄稼……成了地球上的老大,狮子、老虎已经完全不是对手，所有的动物只能躲得远远的，就怕被宰了当人的午饭。人的这种变化，社会学家叫进步，和人类的这种进步一起到来的就是奴隶社会。

　　进步了怎么会出现奴隶社会呢?

　　可能是这样。那时有那么一帮人，他们生活在一片很富饶的山谷中，风调雨顺的,再加上他们很勤劳,干活都卖力气,所以他们老能吃到好吃的东西。他们还搭了一个大棚子，里面放了好多吃的，准备留着冬天吃。假设这些人生活在河东。

　　而另一帮人，他们生活在很贫瘠的沙漠旁边，夏天热得没处藏，冬天冷得能冻死人。他们想种点儿庄稼，可老天要么就是不下雨，要么就是大雨下过头，刚长出来的禾苗不是干死，就是让一场大雨冲跑，一年的辛苦就这样泡了汤。他们其实一点也不懒惰，可天公不作美，无论怎么玩命干还是经常要饿肚子。假设他们生活在河西，或者更远一点的地方。

当河西的人发现河东还有一个那么好的地方，那里的人有吃有喝，过得比河西好多了的时候，饥肠辘辘的河西人凑在一起开始打主意了，他们商量来商量去也没想出啥好办法。最后，他们心一横，终于鼓足了勇气，干什么呢？去抢！也许开始并不是抢，是要，但对方总是不能满足他们的要求，那还等什么，抢吧！而河东的人为了保卫自己的财产就开始反抗，就这样河东人跟河西人打起来了。于是，一种带着血腥味的人类游戏——战争出现了。

打仗总会有失败的一方，失败的人如果没有给杀掉，就成了俘虏。胜利的一方看着这么多俘虏想，养着他们还要给他们饭吃，杀了吧怪残忍的，咋办呢？唉，不如让他们给我们干活，这样我们就可以坐着吃了。好主意！于是最早的奴隶就这样出现了。胜利一方的领导还有英勇善战的英雄就成了贵族，是奴隶的主人。其他的人，比如士兵、铁匠、木匠或者做小买卖的商人就成了平民，他们不是奴隶。一个由贵族统治，有等级分别的社会——奴隶社会就这样来到了人间。

有奴隶给干活，贵族和平民就可以有更多的时间去干别的，亚里士多德说的闲暇和自由就出现了。好奇是人的本性，所以在奴隶社会就有了一些既好奇，又有闲暇和自由的人，这些人还等啥，赶快玩吧！

真正的科学家也就在奴隶社会出现了。

当然奴隶也有爱玩的，尽管他们没有贵族那么自由。但奴隶不是一定不可以成为玩科学的人，只是要比贵族难，难很多。

第一个被称为科学家的人是谁呢？按照西方人的说法他是一个叫泰勒斯（Thales，约公元前 624 — 前 546 年）的古希腊人。

这个名叫泰勒斯的人很神秘，因为他自己没有留下任何有关的文字。房龙这样说："他们当中有记载的第一个人——现代科学的真正创立者，是一

个背景值得怀疑的人物。这并不是说他抢了银行或杀死了家人，并为此而从无人知晓的地方逃到米莱图斯（也就是米利都，古希腊的城市——作者注）来的。谁也不知道他的祖先是谁，他是比奥夏还是腓尼基人？"

人们知道泰勒斯这个人，都是因为看到许多后人的著作中提到他。这个神秘的人物据说出生在古希腊著名的城市米利都。米利都现在属于土耳其，那时候是古希腊的一个很著名的城邦和港口。后人记载的这个泰勒斯是一位旷世奇才、大玩家，他被恩格斯称为古希腊最古老的哲学家、自然科学家、几何学家，是科学之父，是希腊数学的鼻祖，等等。泰勒斯还建立了一个学园，创办了个学派——米利都学派。据说泰勒斯的墓碑上这样写道："这里长眠的泰勒斯是最聪明的天文学家，米利都和爱奥尼亚的骄傲。"

泰勒斯是2500多年前的人，2500多年前是啥年景呢？就是冯梦龙在《东周列国志》第二回中所说的"褒人赎罪献美女，幽王烽火戏诸侯"的时代。

让我们看看，世界上第一个伟大的科学家是怎么玩的。

先来看看泰勒斯都干了些啥。根据后人的记载，泰勒斯在科学上主要有几个贡献：首先，也是最关键的一个贡献是，他提出了万物源于水的观点。他说："水是万物之本源，万物终归于水。"要知道，人类自从有了图腾崇拜和巫术后，对于自然界中各种无法理解的神奇现象就都去神灵那里找原因，大家相信一切都是神创造的，用不着再拿自己的脑袋去思考。泰勒斯是第一个没有从超自然的神灵那里去寻找万物来源的人，他是用自己的脑袋客观地去解释这个非常基本的哲学问题。

其次是泰勒斯定理。所谓泰勒斯定理，就是几个现在连小学生都蒙不了的几何定理。比如任何圆都要被其直径平分；等腰三角形的两个底角相等；两直线相交时，对顶角相等；等等。而且这些定理描述的几何现象并不是泰勒斯发现的，这些现象埃及人老早就知道，泰勒斯不过是把它们总结成了规律性的几何定理，而这正是他的高妙之处。

最后，据说泰勒斯还根据物体的影子测量出金字塔的高度。他还解释了发生日食的原因，他认为日食是月亮的影子造成的，而不是神仙干的事。为

了证明这个解释的正确性，有人说他真的准确地预测了一次日食。

这么伟大的贡献在如此遥远的时代是咋整出来的呢？

是玩出来的，其实很多时候科学就是这样玩出来的。

泰勒斯出身贵族，也就是说他爸爸是贵族。贵族的孩子肯定会受到很好的教育，成年以后他做过一段时间的商人，跑过不少地方。由于米利都当时是一个著名的港口，所以泰勒斯出门旅行十分方便，这让他有机会游历了当时最先进的国家埃及和古巴比伦，得到很多"真传"。

另外，就像房龙说的那样，泰勒斯还可能有腓尼基人的血统。腓尼基人是何方人士呢？腓尼基人是生活在那个时代地中海东岸的一个民族，现在也属于土耳其。这个民族以做生意精明和善于航海出名，他们的商船经常往返于地中海各个港口之间，包括埃及，赚的钱背都背不动。房龙说："腓尼基人买卖有利可图的一切东西，从未觉得良心不安。如果他们的邻居没有夸大其词，那么腓尼基人就是既不诚实，也不正直的人。"不过这些既不诚实也不正直的腓尼基人还是由于他们的聪明为后代留下了一样东西——拼音字母。他们把当时埃及的象形文字和苏美尔人发明的楔形文字简化成 22 个字母。如今欧洲人使用的字母，就可以追溯到腓尼基人发明的这 22 个字母。

有这么个故事，腓尼基人由于自己很能干，觉得自己很牛，所以十分傲慢。埃及法老对这帮家伙实在看不惯，为了杀一杀腓尼基航海家的威风，于是法老想出一个毒招，想害害他们。这个毒招是要三个腓尼基水手从埃及出发，一次都不可以后转，而且要始终沿着岸边向西航行，最后要回到埃及。当时人们只知道沿着埃及的海岸往西航行就会进入大西洋，而那时候的人认为大西洋就是世界的尽头，这三个倒霉蛋肯定永远也回不来了。结果让法老大为吃惊的是，三年以后这三个家伙居然真的划着船沿着岸边回来了，原来他们三人沿着海岸边，围着非洲大陆整整转了一圈。从此以后，腓尼基人虽然还是不招人喜欢，可人们再也不会小看这帮家伙了。这三个人的航行也成了人类历史上第一次环绕非洲的航行。

有腓尼基血统的人不爱玩才见鬼了。

一个不差钱，衣食无忧，成天有吃有喝的贵族，还有腓尼基人的血统，玩肯定是他生活中最重要的事情之一了。泰勒斯游历了很多地方以后，估计在外面也玩够了，好奇心也越来越强，于是他开始去思考万物源于什么的问题：这些大树，小草儿，还有各种动物，当然最重要的是我们——人，是不是都由一种最简单、最基本的东西组成的呢？如果是，那会是啥呢？经过很长时间的观察和思考，他发现，种子离开水就不会发芽，动物还有我们人离开水也是万万不可以的。啊！对！万物不就是源于水吗！

还有几何学，在泰勒斯以前埃及人也懂一些几何，比如他们在建造金字塔和神庙的时候，没有点几何知识还真不好弄。虽然那些埃及人都是木匠或者石匠，对一些几何形状很熟悉，但是他们没工夫进一步去考虑那些形状之

间是否有啥规律。比如，他们知道造个轮子应该是圆的，凿一根圆柱也是圆的，但这俩圆之间啥关系他们不关心。泰勒斯就不一样了，他没事干就爱玩，他发现轮子和圆柱这些圆之间是有规律的，他发现只要是圆的，那么无论是圆柱还是轮子都要被其直径平分，于是一个对所有的圆都适用的定理就出现了。这就是几何学，是科学，已经不只是木匠和石匠知道的那点儿事情了。

泰勒斯自己玩还不过瘾，他把一群和他一样喜欢玩的人弄到一块，搞了个嘉年华——米利都学园，米利都学派就这样出现了。这个学园后来又出现了两位很出名的人物——阿那克西曼德和阿那克西美尼，人称米利都三杰。

所以，玩是泰勒斯成为科学家最重要的原因之一。在尼罗河岸边种地的农奴和给法老修金字塔、修神庙的木匠、石匠肯定不会像泰勒斯这样玩，为了少挨几下工头的鞭子，多挣几个比索，他们只有每天不停地干活，哪有闲工夫去证明几何定理，去想世界是啥玩意儿组成的呢？

如果光是个大玩家，西方人就能把泰勒斯当成世界上第一个科学家吗？当然不是！除了玩，泰勒斯还创立了一种被后人叫做理性思维的精神，这是人类能够走向科学最关键的一步，所以西方人把他称为第一个科学家是有道理的。

理性思维这个词儿听起来挺深奥，科学家经常喜欢拿着这种让人稀里糊涂的词唬人。其实，说白了，理性思维就是用自己的脑子去想事儿。

在泰勒斯以前，人们对大自然了解甚少，大伙儿看到自然中许多没法解释的现象，比如，日月星辰每天总是那么准时地东升西落，觉得很奇怪，心想除了图腾以外肯定还有更值得我们敬畏的精灵在操纵着这个奇妙的夜空。有人问："这么老大的天，上面的星星都一起走，是谁叫它们这么干的呢？"还有日食，怎么突然间太阳好像让谁给吃了一样，天全都黑了，这也太邪乎了。于是有人马上宣布："这一切肯定是被那个伟大的，而且是非常伟大的人操纵着！"这个比我们都厉害那么多的人是谁呢？这个人又宣布说："他不是和我们一样的人，他就是伟大的神！而且可能不止一个神！"于是大家相信是超出我们想象的、超出自然的众神让日月星辰一起走、让太阳突然黑下来的。世界上不同的民族几乎都有他们特定的各种神灵。希腊有太阳神、天神、海神、爱神啥的。中国有玉皇大帝、天兵天将，还有雷公、电母，他们不高兴了就打雷闪电。所以那时候的人都非常非常地崇拜神、害怕神，到时候就要去祭拜，还要拿好吃的供着，等着神来吃，吃高兴了神灵就不会打雷闪电了。无论是雷公、电母、图腾、巫术或者什么其他神灵，这种解释自然的方式按科学家的说法都不是用人自己的脑袋观察和思考以后得出的结果，而是把这一切归于超越自然的、无形的、神话的、宿命的观点。

可是从泰勒斯那会儿开始，这事儿开始有变化了，什么变化呢？那就是有人开始不再相信这个世界只有神灵可以掌控，不再相信那些神奇的事情都是众神玩出来的。他们开始相信自己，相信周围的世界和发生的所有事情是可以用人自己的眼睛去观察，用自己的脑子去思考了解，并且是可以认识甚至是可以有所改变的，这就是所谓的理性思维。

虽然那时候泰勒斯所说的一些结论是根本不对的，比如，万物源于水这个结论就是根本不靠谱的。但泰勒斯这样的思维方式明确地告诉大家，人类完全可以忘记神，不用神，没必要总是用宿命的观点去认识和看待自然，而完全可以相信自己的脑袋。所以西方人认为他是第一个可以称为科学家的人。

另外，从泰勒斯开始，人类有了一种超出实用的思维和行为方式，这种形而上学的思维和行为方式才是导致西方最终发生科学革命的最大动力。科学往往开始并不像弄点好吃的东西或者给老婆打造一个漂亮的簪子那么实用。像欧洲后来出现的伟大科学家哥白尼和牛顿，他们研究日心说和万有引力定律没啥实用的目的，纯粹是出于好奇和兴趣，而且没人让他们去研究这些，更不是靠这些研究挣钱糊口。

　　柏拉图在他的一篇著作《泰阿泰德篇》里讲了这么个故事：一天晚上泰勒斯因为专心地抬着头看星星，一不小心掉井里了。这事儿正好让一个女奴看见了，女奴大笑，笑话泰勒斯这么迂腐，为了看星星连脚底下是啥都看不见。这个故事其实就是告诉大家，哲学或科学研究往往是脱离实际的，而且还十分超脱，对身边世俗的事情根本不关心。而对那些看起来一点实际意义都没有的事情的关心、爱好和把玩，正是科学产生的源泉。

　　可话又说回来了，尽管科学开始看起来是无目的的，但科学是最实用，而且是最能给人带来实际好处的。亚里士多德也讲了一个泰勒斯的故事，是在他的《政治学》那本书里。他说泰勒斯曾经有一段时间挺穷，估计钱都拿去玩了。而且那时候的人都觉得科学知识没有用处，也不能当饭吃，所以大家都看不起他。泰勒斯可不这么认为。有一年，泰勒斯运用天文学知识预测来年的橄榄要大丰收，于是他用很低的价钱把当地所有榨橄榄油的榨房都租下来了。到了收获季节，果然橄榄大丰收，榨房的租金猛涨，泰勒斯美美地大赚了一笔，发了大财。亚里士多德讲的可能只是个笑话，但科学给人类带来的好处，现代人是最明白的了。

　　而这里所说的玩，也就是凭着强烈的好奇，并且以理性思维的方式去了解自然，用自己的脑子去玩。这种玩是自由的，不受任何约束的。历史上多少伟大的科学家，当然还有各个行当伟大的大师就是这样玩出了如今能让机器人爬上火星的科学和技术。

公元前 300 年左右，在地中海沿岸的古希腊曾经出现了一大群玩家，他们站在路边争论着这个世界到底应该是个啥样子。他们提出的各种稀奇古怪的问题，很多都成为现代科学的肇始。

第三章

那个很老
很老的老头

中国也曾经有过一个百家争鸣的时代，就在那个时代，在地球的西边，地中海岸边的古希腊也出了一个大玩家，他就是前面几次提到的，大名鼎鼎的亚里士多德（Aristotle，公元前 384 — 前 322 年），一位伟大的哲学家和科学家。

那时候，在欧亚大陆的东西两侧，古希腊和中国都在经历着差不多的历史时期，时间都是公元前 600 — 前 200 年左右，希腊叫做古典时代和希腊化时代，中国叫做春秋战国。而且很巧的是，那里和中国春秋战国的诸子百家有点像，古希腊从泰勒斯开始也出了很多大学问家、玩家。不过古希腊和中国又有点不一样，美国著名历史学家房龙说："希腊人，古代世界最为好奇和乐于探索的人。"那里的大学问家们比较喜欢玩，也就是爱去鼓捣一些在很多人眼里完全不着边际的玩意儿。另外他们还有个特点，没事就爱辩论。

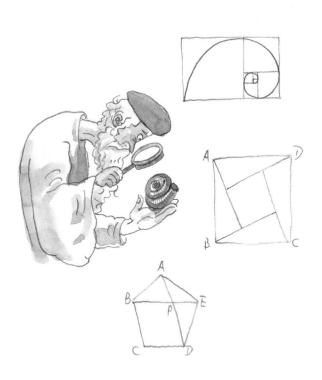

在中国，诸子百家各位贤德的大师们正在埋头研究天、地、人，天人合一，阴阳八卦和仁德孝道的时候，在西边那片大海的周围，希腊的大学问家们却在街边上拉着一帮人唾沫星子乱飞地辩论到底是太阳在转还是地球在转的问题。

那时候从希腊蹦出来的大学问家不比中国的诸子百家少。第一个是泰勒斯，接着是他的学生，最有名的嫡传弟子之一是阿那克西曼德

（Anaximander，古希腊哲学家，约公元前 610 — 前 545 年），据说这位仁兄是第一个画出世界地图的人，不过他看到的世界肯定不是现在这个样子。接着是毕达哥拉斯（Pythagoras，古希腊数学家、哲学家，公元前 580 至 570 年之间—约前 500 年），他是个奇怪的数学大师，好像和泰勒斯一块儿玩过。这个数学大师不但认为

数可以解释一切，就连万物也是数组成的。他的所谓黄金分割比例到现在还是画家、摄影家的经典构图理论。接着还有个叫芝诺（也叫埃利亚的芝诺 Zeno of Elea，古希腊哲学家，约公元前 490 — 前 436 年）的家伙，这个怪人是现在意大利南部海边城市埃利亚人。为啥说是怪人呢？这家伙没事就爱和别人唱反调，提出好多让后来科学家大伤脑筋的所谓"悖论"。啥叫"悖论"呢？"悖论"简直有点胡搅蛮缠，但需要非常奇妙的想象力，什么"二分说""阿喀琉斯追龟说""飞矢不动说"都是他的高见。巧的是中国的庄子（战国时期著名思想家、哲学家，约公元前 369 — 前 286 年）也说过同样的事情："飞鸟之景，未尝动也。"（"悖论"这里不解释了，有兴趣的话可以去找数学史或者其他有关的书，不过需要一点耐心）还有提出原子论的德谟克里特（Demokritos，古希腊唯物主义哲学家，约公元前 460 — 前 370 年），他和泰勒斯是老乡，都是米利都人，他的原子论虽

然是想象出来的，可后来真的成了物理学家的法宝。亚里士多德的老师柏拉图（Plato，古希腊哲学家，约公元前427—前347年）大家就更熟悉了，这个理想主义者描写的理想国——亚特兰蒂斯，到现在还有人在到处苦苦地搜寻，据说有人真的在海底下发现了这个神秘的理想之国。亚里士多德老师的老师苏格拉底（Socrates，古希腊哲学家，公元前469—前399年）是第一个提出要追求永恒真理的人，而且相信灵魂不灭。苏格拉底是一个为信仰不惜牺牲生命的哲学家。他之所以成为哲学家据说是因为他老婆，听说苏格拉底的太太是个悍妇，他说：如果你的妻子是善良的，那么你将是幸运的；如果你妻子是一个悍妇，那么你就会成为哲学家。当然，这只是一个笑话。

那时，希腊人身上穿着麻袋片，连件棉布衬衫、棉袄估计都很难弄到，却成天想这些事，他们不是玩家是什么呢。尽管中国人曾经发明过很实用的火药、指南针、造纸术和印刷术，但没有传承相应的科学思想，所以外国人在写科学史的时候，很少提起中国这两个字，他们认为那还不是真正的科学。而在古希腊，这些玩家理性思维的思想传承了下来，并被后人像传接力棒一样，一棒一棒传下去，让这些思想最终发展成如今的科学。所以这帮希腊的大学问家被后人称为希腊的奇迹。

亚里士多德比上面说的那几位都厉害，而且厉害得不止一点点，他研究过的、玩过的有天文、地理、物理、生物、哲学、逻辑学、伦理学、政治学、修辞等，他还研究过诗。后来的人把亚里士多德称为百科全书派。这些学问亚里士多德不仅仅是说说而已，还都写成了书，他写的书据说有上千部。房龙说："他在那个时代已经通晓了许多尚不为人知的事情，为人们的知识宝库增添了丰富的宝藏。他的书成为智慧的源泉，在他以后，整个五十代欧洲人和亚洲人都无需经受绞尽脑汁的寒窗之苦，便可从中获取尽人满意的丰盛的精神食粮。"

亚里士多德就是那个提出科学的诞生需要好奇、闲暇和自由三个条件的人，这个说法写在他的一本书《形而上学》里。这本书原来的名字不是《形而上学》，而是《第一哲学》。后辈的学生安德罗尼柯在整理编辑亚里士多德的著作时，把这本书的书名改成了《形而上学》。

在老多很小的时候，收音机里或者报纸上经常会出现形而上学这个词，不过那可不是在夸谁，而肯定是在责怪某人的理论脱离实际，属于资产阶级的形而上学。

亚里士多德在他的《形而上学》里这样说："他们探索哲理只是为想脱出愚蠢。显然，他们为求知而从事学术，并无任何实用的目的。"亚里士多德推崇的无任何实用目的的形而上学，其实就是玩。

他之所以会琢磨出这样一个道理，肯定不是他胡思乱想出来的。亚里士多德出生在希腊半岛北边的色雷斯，就是那个著名的古罗马角斗士斯巴达克的故乡。角斗士可是玩命的差事，亚里士多德出生在这样的地方肯定多少会受点影响，比如争强好胜啥的。色雷斯当时由马其顿帝国统治，亚里士多德的爸爸是国王的御医，是个有钱人、贵族，起码也是个中产阶级。

亚里士多德的少年时代没有什么记载，关于他的记载是从 17 岁开始的。亚里士多德从 17 岁到 36 岁在希腊雅典的柏拉图学园，跟着柏拉图学了 20 年，直到柏拉图去世他才离开。2500 年前和现在不一样，现在从 3 岁就可以上托儿所，然后是幼儿园、小学、中学，17 岁差不多是个高中生。那时候没这些，估计亚里士多德 17 岁以前就是在家里玩，最多他爸爸能教他怎么宰鸡，他爸爸是医生，应该懂点解剖。他妈妈会教他什么东西好吃，什么东西不能吃，除此以外就是和小朋友一起在外面疯玩。估计亚里士多德是个孩子王，因为有一张意大利大画家拉斐尔的名画《雅典学园》，里面的亚里士多德看起来个子很高，不是孩子王也肯定是个小打手。

中国有句老话叫三岁看老，意思是一个小孩子 3 岁的表现就可以看出他将来要走的路。亚里士多德 17 岁以前的经历肯定是造就他后来辉煌成就的根基。从亚里士多德后来研究的那些学科看，他小时候肯定是对什么都充满了好奇和兴趣，是个什么都想弄个明白的孩子。可那时候没有谁能告诉他，因为那时候没有谷歌，百科全书也还没出版。所以只好自己琢磨，自己算，手指头不够用就把鞋脱了。

亚里士多德在 17 岁的时候被父亲送到希腊雅典的柏拉图学园，估计他爸爸觉得这孩子除了能去那样的地方，啥活儿也干不成。到柏拉图学园以后，亚里士多德开始时也是个乖学生，柏拉图也非常器重他，经常被柏拉图拉出去表扬一番。

不过随着时间的推移，亚里士多德对柏拉图那种唯心主义的理想国失去了兴趣。柏拉图认为我们所见的世界其实是虚无的，只有理念才是真实的，所以他要用理想化的理念来拯救世界。亚里士多德觉得柏拉图的想法太不靠谱，他希望用自己的眼睛去观察这个世界，然后去思考，去判断，只有这样，世界才能被我们真正地认识和了解，才会得到真理。所以亚里士多德讲了一句名言："我敬爱柏拉图，但我更爱真理。"他这里说的真理已经不是柏拉图理想化的理念，而是用人自己的眼睛观察，并通过分析判断来认识和了解的自然现象和规律。

柏拉图去世以后，亚里士多德回到家乡色雷斯给当时马其顿帝国的皇太子，也就是后来南征北战，建立了横跨欧亚非大陆的庞大帝国的亚历山大大帝（Alexander III of Macedon, Alexander the Great, 公元前 356 — 前 323 年）当私人教师。亚里士多德在将近 50 岁的时候又回到雅典，并且在那里开办了自己的学园——吕克昂学园。吕克昂学园是个很有意思的地方，在这里，亚里士多德会带着自己的学生到花园或者树林里去散步，一边散步，

一边和学生讲着各种妙趣横生的课程，并且和学生一起讨论问题。后来大家就把亚里士多德这个有趣的学派称之为——逍遥学派。显然亚里士多德已经把玩推向了极致。

咱们中国人现在能看到亚里士多德的著作要感谢一个人，那就是翻译家吴寿彭老先生。吴老翻译了《形而上学》《政治学》《动物志》《动物四篇》《天象论·宇宙论》和《灵魂论及其他》6部亚里士多德的著作，最终在整理译稿时溘然长逝。

在《天象论·宇宙论》里亚里士多德提出和研究的问题确实太多了，随便浏览一下就包括：星球永恒的运动——轮天；地球的大小；流星的成因；彩霞的成因；彗星；乳路（Milky Way，也就是银河）；霜和露的形成；冰雹；风、江河、泉水和海；旱与涝；海洋和海岸线；海里盐的来源；大气之功；四季变化；地震成因；闪电和打雷；飓风；日晕、月晕；光的折射和色谱；虹的形成；土的性质；物质的各种性状，如拉伸、压缩、液化等。除

掉这些还有很多，几乎无所不包。而且亚里士多德并不是只观察这些事物的表面现象，他还尽其所能，试图更加深入地探究现象背后的奥秘。

最近有一位奥地利的青年学者雷立伯写了一本书《西方经典英汉提纲》，这本书可以让我们对亚里士多德的经典有更多的了解。关于他的《工具论》，雷立伯说："这部由6个逻辑学著作组合而成的文集具有很大的影响，亚里士多德是人类历史上第一个探讨思维规律的人，而他的分析直到今天也仍然有效。"还有《动物志》，"提出一些划分动物的标准，即他们的生活环境、生活方式、特点、作用、器官，比如它们是否有血、肺、脚，或它们是卵生还是胎生的……提供一种一般的解剖学理论，从脊椎动物（包括人）开始。作者描述人的内部和外部器官，此后继续描述其他脊椎动物的器官……"亚里士多德一辈子写了那么多的书，玩了这么多的事情，他研究的问题确实可以让后人"无需经受绞尽脑汁的寒窗之苦"了。

亚里士多德怎么会这么有本事，能研究这么多的问题呢？其实就是贪玩。玩是不需要理由，最自由，也是最不需要任何功利目的的一种人类行为。只要是让他好奇的事情，他就会去玩。就像现在的驴友，在放长假以前就已经计划好了下趟旅行的目的地是长白山，再下一个长假的计划是西藏，还有玉龙雪山、神农架、武夷山，等等。只要还会喘气，这个计划也许就永不停止。这是为啥呢？为了心中的好奇，为了到长白山、到西藏、到玉龙雪山去领略大自然给予的震撼与惊异，这和当年的亚里士多德是一样的。

不过话又说回来了，亚里士多德研究了一辈子，得出的答案用现在的眼光看其实没有多少是正确的，比如他认为重的物体比轻的物体下落速度快，还有宇宙中所有的物体都是由土、水、气、火组成的，等等。受到当时条件的限制，更没有啥资料可以去查，亚里士多德确实没把事情完全搞清楚。结论虽然不靠谱，可他用观察、分析和判断这样一个严谨而又极富乐趣的逻辑去认识事物的玩法是非常靠谱的。

更重要的是亚里士多德用大白话描述了他所玩过的事情。比如在《天象论·宇宙论》中，他讲到物质的延展性时这样说："凡事物之表皮（外表）可在同一平面上延展的是谓压延事物（比如姥姥做面条之前揉的面团——作者注），至于那些可拉延的事物则是它们的表面顺乎着力的方向延伸，而不至于折断（比如可乐罐的铝皮——作者注）……"从这些描述中，我们会发现，亚里士多德是非常认真地玩过压延和拉延的事物，并且很明白地讲述了压延和拉延的区别。而那时候不会有哪个老师或者基金会叫他去玩或者研究这事儿，完全是出于他自己的好奇心。如今压延和拉延已经成为金属或塑胶等材料的加工技术专业名词。

亚里士多德能直截了当地，像讲故事一样地描述所观察的事物，人们看到以后很容易解释，并且很可能会引起其他人对他所观察过的事物发生兴趣。于是亚里士多德的书和话，就像接力棒一样传了下去。尽管他的结论有很多是不正确或者根本不靠谱的，但他的说法引起了后人对大自然的兴趣和追问，致使后来无数的玩家不断想办法去修正那些不靠谱的结论。于是科学就这样在亚里士多德那些显而易见的、有趣的故事和不靠谱的结论中渐渐产生了。

泰勒斯首先提出和运用了理性思维的方法，亚里士多德把理性思维具体化了。亚里士多德用自己的思考和研究方式把我们引向一个新的，更加丰富多彩的世界。可以说，亚里士多德最伟大的功绩不是在于他研究了多少科学问题，而是他提出了直到现在仍然激励着无数学者或者普通人的精神。关于这个精神，亚里士多德告诉我们："若以理知为导引，人们的灵魂恰不难在天地旷远的间隔之中，发现捷径，倏忽而神游天宇，遍察窈渺之际，那些密相关切的事物，凭灵魂的神眼以认取——天物的涵义，而传之于世人。"（这是吴寿彭先生翻译的，看来吴老比较喜欢古中文的风格——作者注）这里所说的可以"认取——天物的涵义"的理知，就是用我们自己的脑袋去认识，去思考，就是思辨精神。而所谓思辨精神就是我们现在经常挂在嘴边的科学精神、创新精神。

此外，在《形而上学》的开篇，亚里士多德说："求知是人类的本性。我们乐于使用我们的感觉就是一个说明；即使并无实用，人们总爱好感觉，而在诸感觉中，尤重视觉。无论我们将有所作为，或竟是无所作为，较之其他感觉，我们特爱观看……"这就是他的所谓形而上学。求知的本性驱使我们去观察，这其中并不一定有什么具体的目的。但这种对自然出于求知的观察，正是我们发现自然奥秘最初的一步，也是追求真理关键的第一步。亚里士多德的这个精神，促使后来的玩家、科学家走上了追求真理的科学道路。不过很有趣的是，大家几乎都是在否定了亚里士多德的各项伟大研究成果以后去发现真理的。

以泰勒斯、亚里士多德等所代表的古希腊思想，和当时地球东方的中国先哲们的思想有很大的不同。亚里士多德他们好奇的主要是物质世界，中国先哲好奇的则是精神世界。所以中国先哲的思想比亚里士多德更博大，他们不太关心自然本身那些细枝末节的秘密，他们关心的是更加宏观的事情，比如天、地、人的关系。老子是中国春秋时期著名的哲学家，和古希腊的泰勒斯应该是同一个时代的人。《老子》开篇时说："道，可道，非常道；名，可名，非常名。"这几句话比较难懂，这里所谓的道不是一件具体的事情，而是一种对事物的思辨。

这里补充说明一下，据说上文中的"非常道"及"非常名"中的"常"字，是来自西汉马王堆出土帛书上的版本。考古学家认为这个"常"字应为"恒"字，为避讳汉文帝刘恒名中的"恒"字而改为"常"字。

如果把老子的"道"理解为柏拉图所谓的理念，那么就可以这样解释这段话："可以说得出的理念（道，可道），不是永恒的理念（非恒'常'道）。可以叫出名字的事物（名，可名），不是永恒的事物（非恒'常'名）"。这就是老子所谓的道，这个道是一个放之四海而皆准的道，具体怎么解释和理解这个道，虽然老子在后面又做了许多解释，但2500年来大家还是没怎么闹明白，一直在揣摩、诠释和研究，好像至今各家的说法还是不太一样。

中国先哲们的思想确实应

该说是博大精深，但对于这些学说，先哲们说得很不具体，还十分艰深晦涩，并且基本属于总结性的发言，以至于几千年来大家只能忙于诠释这几句话中所包含的博大精深的意义，而不可能引起人们对具体的宇宙、具体的自然事物的好奇，更不要说去玩了。所以尽管中国也有墨子（约公元前468 — 前376年）、庄子这样关心自然的学问家，还有很多技术上的发明，比如火药、指南针、造纸术和印刷术，科学的曙光已经出现。但由于中国先哲们的哲学没有引起人们对宇宙和自然的好奇，并因为好奇去玩，去探索自然的奥秘，而与关心自然的科学失之交臂。

在如今这个大融合的新世界里，如果用科学思维对中国博大精深的哲学再次做出诠释，又将会怎样呢？

▶ "给我一个支点，我能撬动地球。"这句名言充满了浪漫主义色彩，阿基米德学会玩杠杆后居然说出这样的话，这说明他是个大玩家。为了喜欢玩的事情，他不顾一切，甚至没有发现冲进屋子、举着大刀的是要砍他脑袋的罗马士兵。

第四章

玩到死的
阿基米德

大约从公元前 6 世纪至公元前 2 世纪这三四百年的时间，世界是不太平的，到处都在打仗。在外国，公元前 5 世纪发生了希腊与波斯之间的希波之战，接着希腊人自己打了起来，史称伯罗奔尼撒战争。公元前 4 世纪马其顿大军又开始向东进军，直到建立亚历山大帝国。消停了没多久，公元前 3 世纪罗马人又和迦太基的汉尼拔打了起来，史称布匿战争。经过三次布匿战争，最终以迦太基灭亡，罗马帝国称雄结束了长达 100 多年的战争。

中国从公元前 8 世纪开始，进入所谓的春秋时期，接着是战国，也是不断地在打仗。直到公元前 221 年，秦始皇统一中国，天下才算是消停下来。

在这个纷乱年代中的公元前 287 年，古希腊一位伟大的玩家出生了，他就是大名鼎鼎的阿基米德（Archimedes，约公元前 287 — 前 212 年）。很巧的是，那时候中国的战国群雄鏖战正酣。

秦国拉开了统一战争的序幕，阿基米德玩起了他的撬杠。

阿基米德的故事大家知道的太多了，什么洗澡的时候发现了浮力原理，然后大叫着："尤里卡！尤里卡！"光着屁股不顾一切地跑出澡堂子。还有他那句著名的话："给我一个支点，我能撬动地球。"好大的劲头儿。从这两件事就足以印证，阿基米德极爱玩，而且是童心不泯。

阿基米德和亚里士多德一样也是古希腊的大学问家，他出生的时候亚里士多德已经死了 30 多年。阿基米德的老家和亚里士多德离得有点远，他老家在现在意大利西西里岛上一个叫叙拉古的地方，西西里岛是意大利著名黑手党的老窝。当时的叙拉古没有黑手党，而是属于希腊的城邦，所以也是古希腊的一部分。

阿基米德他们家是有钱人，贵族，是叙拉古国王的亲戚。他爸爸也是个玩家，爱玩天文和数学。有其父必有其子，所以阿基米德和他亲爱的老爹一样也喜欢玩天文和数学，而且青出于蓝而胜于蓝。除此之外阿基米德还喜欢

玩力学，而且玩得相当牛。

阿基米德生活的时代有一个玩家非常好的去处——缪塞昂。缪塞昂是游乐园还是嘉年华？都是，也都不是。

什么叫缪塞昂，这还得从头说。前面说到过，亚里士多德在雅典跟着柏拉图学习了20年，然后回到色雷斯老家给当时还是孩子的皇储亚历山大当家庭教师。这个亚历山大可是个不得了的牛人，成年以后他成为马其顿王国英勇善战的亚历山大大帝。在他的率领下，马其顿军队势不可挡，横扫希腊半岛，并征服了地中海东岸和非洲的埃及，接着亚历山大大帝的大军与波斯军队大战，彻底击败波斯以后，他继续挥军东征，一直打到印度河畔，喜马拉雅山脚下。如果不是因为水土不服，这位战神闹不好能跨过恒河，一直打到东南亚，和泰国或者缅甸手持念珠的佛教兄弟亲密接触一下。

经过十几年的征战，马其顿亚历山大帝国成为当时以东方为中心，横跨

欧、亚、非的庞大帝国。历史学家所说的希腊化时代到来了，在这之前历史学家叫古典时代。

有学问的人就是喜欢把事情搞得复杂点，好让人家觉得他们学问大。不过希腊的古典时代和希腊化时代还确实有点不一样。古典时代玩家们基本是自己玩，和其他人、其他国家没关系。希腊化时代有两个特点，一是皇帝和玩家们一起玩，二是传播希腊文化。亚历山大大帝通过他的铁蹄把希腊文明传播到更加广泛的地区。这就是历史学家把这个时期称为希腊化时代的原因，希腊文明从此向地中海以外的地区广泛传播。

亚历山大小时候是亚里士多德的学生，一定是被亚里士多德给带坏了，他也喜欢玩，充满着好奇心，而且帝国建立以后也有了闲暇和自由，于是他就开始实现儿时的梦想——玩去！

由于亚历山大大帝非常重视科学，所以在亚历山大帝国科学是受到皇帝尊重的，老百姓也都喜欢那些玩家。不过亚历山大命不好，在他建立帝国以后没几年，于公元前323年遭遇热病死在当年古巴比伦王国汉穆拉比修建的旧王宫里。亚历山大死后，帝国被他的将军们分裂成三块，托勒密王国、西亚塞琉古王国和马其顿王国。其中托勒密王国的地盘在现在的埃及。托勒密是亚历山大大帝麾下的一位将军，小时候也是亚里士多德的学生。按现在的说法，和亚历山大大帝是同学。一个师傅带出来的徒弟，肯定不差样儿。而且托勒密更喜欢玩，他的王国在埃及，于是他就在尼罗河边一个叫亚历山大的城市（这个城市也叫亚历山大里亚，那里130米高的法罗斯灯塔被称做古代七大奇观之一）搞了一个巨大的玩场，起名叫缪塞昂。

啥意思呢？缪斯（Mousae）是希腊神话中九个女神的名字，这些女神掌管着音乐、诗歌、戏剧、历史还有天文等所有的艺术和科学，缪塞昂的意思就是智慧的女神缪斯的宫殿，缪塞昂是这么来的。可什么是缪斯女神的宫殿呢？那里有教室，有图书馆，还有动物园、植物园、博物馆、天文台、实验室，这样的大玩场估计现代都找不到一个相同的地方，简直成了玩家的天堂，玩家的嘉年华。如今英文中的"museum"（博物馆）就是从缪塞昂演变过来的。

自从有了这个女神缪斯的宫殿，各路玩家便纷纷云集亚历山大古城，可惜那会儿中国没人知道有这么个去处，不然找几个爱玩的去留学一下多好。在后来的几百年里亚历山大古城的缪塞昂成了玩家们真正的天堂，相继出现了一大批科学巨人。有一位据说和亚里士多德有得一拼，他叫埃拉托色尼（Eratosthenes，约公元前275—前194年），也是个百科全书派，遗憾的是他写的书没有留下一本。他被国王托勒密请去做图书馆管理员。埃拉托色尼几何玩得最牛，他用两个地方的距离，和一根直杆的长度以及影子的长度算出地球的周长，他算出来的是25.2万希腊里（1希腊里约为157.5米），约合现在的4万千米。他还推导出地球到太阳的距离是1.472亿千米。现在最精确的估算数值是：地球赤道周长40076千米，与太阳的平均距离1.49亿千米。2300年前能算出这么精确的数，埃拉托色尼玩得可真够牛的。大天文学家托勒密（Ptolemy，约公元90—168年）这个名字和国王一样，不过他们连亲戚都不是。他把过去巴比伦、埃及和古希腊天文学所有的成果构建成一个伟大的宇宙图景——地心说。这个理论在西方流传了1400年，一直到16世纪哥白尼才发现不是那么回事，于是退出了历史舞台。还有个人有点意思，他是玩代数的，其实就是什么几元几次方程的事。这个人就是丢番图（Diophante，公元246—330年）。因为很少有关于他生平的记载，所以后人对他了解不多。在他的墓志铭上这样写着："坟中安葬着丢番图，多么令人惊讶，它忠实地记录了所经历的道路。上帝给予的童年占六分之一，又过了十二分之一，两颊长须，再过七分之一，点燃起结婚的蜡烛。五年之后天赐贵子，可怜迟到的宁馨儿，享年仅及其父之半，便进入冰冷的墓。悲伤只有用数论的研究去弥补，又过四年，他也走完了人生的旅途。"把这个谜语一样的墓志铭列出方程式：$X/6+X/12+X/7+5+X/2+4=X$，计算一下，$X=84$，丢番图活了 84 岁。除此以外人们对他的生平一无所知，有幸的是他的著作《算术》原书保存到了今天。

缪塞昂里玩得最地道，最有名气的还应该算那三个数学大师，欧几里得（Euclid，约公元前 330 — 前 275 年）、阿波罗尼奥斯（Apollonius，约公元前 262 — 前 190 年）和阿基米德。

欧几里得的生平也很不清楚，有两个关于他的小故事比较有趣。据说他也是受托勒密国王的邀请来到缪塞昂教几何。有一天国王兴致勃勃地来听课，可听了半天国王没听懂，于是国王问欧几里得，有没有更简单的办法学会几何。欧几里得想了想说："在这里，皇帝没有特权。"这句话成了日后科学的箴言。另一个故事是说，有个学生刚跟着老师学了一道题就问，我学

会几何以后能带来多少好处？欧几里得把仆人叫过来说："给他三个金币，让他滚！"（这里有点添油加醋——作者注）不过既然是玩还想着挣钱，欧几里得肯定不高兴。

欧几里得的《几何原本》被大家称为人类文明的一块瑰宝，而且直到今天还是初等几何教科书的蓝本。在这本书里，欧几里得把前人玩过的几何综合起来，提出从少量自明的定义、公设和公理出发，并运用逻辑推理的方法，推演出整个几何体系。所谓自明的定义、公设和公理，《几何原本》开卷就说了一大堆，比如，"定义 I. 1：点：点不可以再分割成部分……I. 15：圆：由一条线包围着的平面图形，其内有一点与这条线上任何一个点所连成的线段都相等。I. 16：这个点叫做圆心。"一共有 23 个定义，还有 5 条公设和 5 条公理。他用这些现在小学生都知道的玩意，再用"因为……所以……"这种逻辑推理的方法，推出了整个几何学。

据说《几何原本》是中国翻译的第一部外国学术书籍，是由明朝万历年间大学者徐光启和意大利传教士利玛窦共同翻译的。清朝的康熙皇帝非常喜爱这本书，不过他把这本几何书当成了玩具，把玩了一辈子。

还有一位据说和欧几里得属于同一级别的大学问家叫阿波罗尼奥斯，他写了一本书《圆锥曲线》，这本书也是登峰造极之作。这个阿波罗尼奥斯和欧几里得一样爱玩几何，有人说是欧几里得学生的学生。不过他只玩一件事，那就是圆锥曲线。啥叫圆锥曲线呢？研究这个干啥？说白了就是玩，在 2000 多年前根本没啥用。打个比方说吧，如果把埃及的金字塔的底座变成圆的，那金字塔就成了圆锥形，像个尖尖的大窝头。再拿一把大菜刀以各种不同的角度切这个窝头，斜着切，竖着切，切下来的可能就是椭圆形、双曲线形和抛物线形（关于圆锥曲线这里不多说了，感兴趣可以找一本高中以上的数学书看一看）。

阿波罗尼奥斯在他的《圆锥曲线》里罗列了 487 个命题，把关于圆锥曲线所有可能遇到的问题全包了。这本书研究的问题在后来的 1300 年里都没人能超越他。而且当时也没人知道这些曲线到底有啥用处。直到 16 世纪，开普勒发现行星运转轨道是椭圆形，还有伽利略发现了抛物线运动，大家才明白，原来椭圆形、抛物线这些圆锥曲线，不但是几何学家手里的玩意，而且还是大自然的各种运动中普遍存在的形式。

跑题跑得有点远，再说阿基米德。据说阿基米德 9 岁就让他爸爸送到亚历山大城的缪塞昂念书，9 岁的孩子给放在缪塞昂那就是放虎归山，阿基米德可真是如鱼得水。

在缪塞昂，阿基米德曾经在欧几里得弟子柯弄（Conon，公元前 280 — 前 220 年）的门下学习几何。阿基米德在亚历山大城的缪塞昂玩了好几年，在那里他已经玩出一样东西——螺旋抽水机。那是一种利用螺旋形的装置能自动把水从低处提升到高处的机器，农民伯伯种庄稼浇地的时候可太需要这个玩意儿了，所以一直到现在埃及和欧洲还有很多人在使用阿基米德的这个发明。也许是觉得自己已经玩出点名堂了，过了几年阿基米德离开亚历山大城又回到老家西西里岛的叙拉古，从那以后阿基米德再也没干其他的事情，就是一门心思地玩，一直到离开人世。

在缪塞昂的三个大数学家里，阿基米德应该算是最牛的一个，前两个的学问基本是继承前辈的衣钵，把前辈已经玩过的总结后发展出更精彩的玩法。阿基米德又技高一筹，他主要是自己玩，自己琢磨，完全由他自己玩出来的东西比较多，也十分厉害。"给我一个支点，我能撬动地球。"这说的是阿基米德最牛的发明——杠杆原理，因为太牛所以这句话流传了两千多年。支点其实就是杠杆原理里的重心点。杠杆原理被称做阿基米德原理，这里阿基米德其实就闹清楚了一件事，那就是什么是重心。现在小孩子都知道只要把手指头放在一根棍子的正中间，棍子就会保持平衡，如果移动手指头又会咋样呢？这就是阿基米德原理所解释的现象。

这个现在小孩子都知道的事儿那时候可是很伟大的发明，所以阿基米德敢说："给我一个支点，我能撬动地球。"但他哪来这么大力气？这就是杠杆的绝妙之处，而且绝不吹牛。据说有一次国王让人造了一条大船，船造好以后因为个头太大弄不进水里。国王突然想起阿基米德说过他能撬动地球的话，于是把阿基米德叫来说："地球你都能举起来，把这条船放进海里应该没问题吧？"阿基米德看了看就忙乎开了，他利用杠杆原理弄了一个很巧妙的装置，弄好以后他把绳子交给国王说："您来试试。"国王把绳子轻轻一拉船就下水了。这个装置啥样子现在也没人知道，只是作为传说流传下来，不过阿基米德肯定有这个本事。

除了支点，阿基米德还玩过一件事，这件事让几何和算术有了联系。为什么这样说呢？古希腊人爱玩几何这个大家都知道，可希腊人有个毛病，他们不喜欢算术，觉得那是小儿科，不愿意玩。他们证明各种几何图形都是证明出其中的比例就算完事，比如三角形三个角之和等于两个直角啥的。至于这个三角形具体有多大、多少尺寸他们不爱玩。

但阿基米德觉得这样玩还不够过瘾，于是他开始算起来。正方形或者三角形算起来很容易，不费劲，可圆、螺旋还有椭圆啥的就不好算了。这没难倒阿基米德，曲线不好算，他就把曲线分成好多好多短短的直线，这些短直线分得越细越多就越接近曲线的长度，这就是"穷竭法"，这个"穷竭法"为一千多年以后牛顿的微分法奠定了基础。用这个办法阿基米德又算出了大致的圆周率，他这一玩可把木匠和铁匠高兴坏了，这下能把给人家打圆桌、敲铁锅的材料算清楚了。

阿基米德到了晚年后，世界变得不太平了，罗马军队打进了西西里岛，战火笼罩着美丽的小岛。阿基米德没闲着，他开始设计各种对付罗马人的武器。像什么投石机，还有一种像起重机一样的玩意，据说能把敌舰抓起来，然后给翻过去，把人都给倒出来扔到海里去。最厉害的是所谓阿基米德魔镜，那是一个通过反射太阳光，能把敌人战船给点着火的反射镜。不过那都是传说，没有确切的记载。但是有一件事不会搞错，那就是阿基米德一直玩到了死。

和他老爹一样，阿基米德一辈子都喜欢玩数学，在罗马大军攻城的时候他还在玩。据说罗马人被叙拉古国王的军队挡在城外整整三年，结果是因为叛徒出卖才让罗马人打进城来。罗马军队的统帅马塞拉斯知道城里有个叫阿基米德的人非常厉害，他虽然对阿基米德恨之入骨，但觉得这个老头子是个人才，所以命令士兵不能伤害他，要抓活的。可马塞拉斯的命令还没传达下去城已经被攻破。知道这时候阿基米德在干什么吗？他正蹲在自己屋子里的沙盘上研究一个数学问题，当他面对着一个杀红了眼的罗马士兵时，他冲着士兵大叫："不要弄坏了我的圆！"就这样阿基米德被那个罗马士兵给杀了。

在阿基米德的墓碑上刻着他的一个几何原理的图形,这个几何原理就是:球的体积等于它的外切圆柱体体积的三分之二。

阿基米德一生活了 75 岁,他生活的几十年恰好是秦国点燃战火,兼并六国,最后统一中国的几十年。阿基米德被罗马士兵杀害那年,也就是公元前 212 年,统一了中国的秦始皇也杀了不少人。那就是著名的"坑儒"事件。秦始皇最信任不过的是那些号称可以为他找到神仙真身,制出长生不老药的术士们,因为他们啥事都没搞定。于是,愤怒的始皇帝在咸阳将 460 余名术士活埋。在前一年,秦始皇采纳丞相李斯的建议,点了一把火,焚烧了大量不利于秦朝统治的书籍。这两件事加起来就是所谓的"焚书坑儒"事件。另外,传说中奢华的阿房宫也在公元前 212 年开始兴建。

如今在意大利半岛上随处可见的、千年不朽的恢弘建筑，还有今天挂在客厅墙上，全世界都在使用的日历牌——公历，都是古罗马人玩出来的杰作。不过他们的玩法和别人不一样，他们遵守秩序，做事一丝不苟。

第五章

只玩规矩的罗马人

攻占叙拉古的大军，包括那位没来得及得到指令，一不小心杀死伟大玩家阿基米德的士兵都属于罗马的军队。阿基米德生活的年代正是罗马人扩充地盘的时代。和悠闲自在的希腊人不太一样，罗马人尚武好斗，喜欢有秩序地规划自己的生活，喜欢玩"杀人游戏"。当然杀人可能并不是他们唯一的嗜好，但是如果有人胆敢挑战罗马人的秩序，那肯定会被他们毫不留情地干掉。

按照历史学家的说法，阿基米德死后古希腊的希腊化时代开始走向衰落，在后来的几百年里，一个新的时代把科学推向了深渊，这个时代就是罗马帝国。

罗马人和希腊人的老祖宗可能都是在差不多的时候来到地中海边上的，

不过这两拨人脾气不一样。当希腊人站在街边辩论太阳和地球到底谁在转的时候，罗马人却在亚平宁半岛上种地。意大利的亚平宁半岛和巴尔干半岛南边的希腊是两个伸进地中海的半岛，中间只隔着 100 多千米的亚得里亚海，也就是大约北京到天津的距离。距离这么近，住在两边的人怎么会相差这么多呢？房龙在他的《人类的故事》里对希腊人和罗马人的区别是这样评价的："'万事追求适度'，这是他们对理想生活的准则。单纯的数量与体积的庞大根本引不起他们的兴趣。并且，这种对适度与节制的热爱并非特定场合的空洞说辞，它渗入了古希腊人由生到死的全部生活。""虽然罗马人与希腊人同属印欧种族，但他们没有模仿希腊人的政治制度。他们不愿靠发表一大堆枯燥的言论和滔滔演讲来治理国家，他们的想象力和表现欲不如希腊人丰富，他们宁愿以一个现实的行动代替一百句无用的言辞。"就像一个白面书生碰见一个裤脚上沾满泥巴的农民，哪怕都是一个老祖宗的嫡传，那也肯定不是一路人了。

不过罗马人就啥都不玩吗？应该说，罗马人还是在玩，不过他们不像希腊人那样玩所谓的形而上学，他们不瞎玩。他们玩什么呢？玩规矩，"他们宁愿以一个现实的行动"去建立秩序。在很早的时候，大约是公元前 500 多年罗马人就玩出了一套很专业的国家制度——共和制。

罗马的共和制度虽然也经历了很多发展和变化，但大体上就是设立两个执政官和一个元老院。两个执政官权利极大，国家的所有事情基本都是他们俩说了算。啥叫元老院呢？元老院就是从贵族里找的一帮老头子（后来平民也可以进入元老院），他们是辅佐执政官，给执政官当参谋的。但元老院的权利受到限制，只是提出各种建设性的意见和建议。

国家的共和制度，如此严肃的问题怎么也说是玩出来的呢？

罗马帝国之前，地中海沿岸包括现在亚洲的土耳其等都属于希腊，但希

腊并非一个统一的国家，而是由一个个城邦组成的广大地区。城邦里实行的是一种被历史学家叫做公民自治的所谓希腊民主制度。这个制度是由一个叫梭伦的希腊政治家在公元前 6 世纪玩出来并最后定型的。

咋那个时代就会有民主制度呢？最早的民主制度还就是从古希腊开始的。但这个制度还要冠以奴隶制这个前提，也就是说可以享受这个制度的只有希腊的贵族和男性公民。妇女、奴隶还有外乡人要想享受希腊的民主制度，那是门儿都没有。

但在公民内部确实很民主。首先由一个有威望的人当头头，开始叫会议主席，后来叫执政官。有啥大事需要商量的时候，就召集所有的公民到集市上开会，大伙儿决定咋办。出任各种官职由公民抽签决定。这个民主制度确实体现了希腊人所谓追求适度与节制的心理。可是也存在很大的问题。比如，一到开会的时候，集市上你一言我一语，大家吵吵嚷嚷的，决定个事很麻烦，效率极低。希腊人对适度节制的追求以及对美的崇拜甚至体现在法庭的审判上。传说一个因为亵渎神灵而遭审判的女人在接受审判时，当一个雄辩家扯下她的长袍，露出她美妙的胴体时，法官和其他人都因为她的美而判她无罪。

就像小孩子玩过家家，总会有一帮孩子不喜欢老玩法，想换个样子玩。做事讲究效率，喜欢干脆利索又比较好战的罗马人就觉得希腊的民主制度不好玩，不适合他们。他们不能容忍这种没完没了的争论，更不会因为谁长得美而允许他亵渎神灵，挑战罗马人的秩序。就这样，有两个执政官和一个元老院的共和制就玩出来了。这种玩法和希腊人最大的不同就是他们在建立更加严格的秩序上，目的性更强。

虽然共和制也许不是罗马人独创的，但罗马人确实是最早的创造者之一，也是最著名的。现在世界上大多数国家都在沿用这个制度。而罗马人玩出来的罗马法在文艺复兴以后也成为欧洲民法的典范。

这是罗马人玩的第一件事，接着还有。

即使没怎么读过西方古代史，罗马帝国这个名字大家还是都很熟悉的。这是从公元前 1 世纪一直到 5 世纪左右欧洲的一个强大的帝国。

有个传说，据说在公元前 70 年左右，一支戴着头盔，浑身披着重装铠甲的罗马大军，杀向西亚的帕提亚（帕提亚当时在中国叫安息，现在属于伊朗）。不过，这帮家伙开拔以后便没了音讯，传说被帕提亚人打败了，没有一个人逃回来，于是这件事成了一个谜。2000 多年以后的 21 世纪，有人在中国甘肃省的某个小村庄里，发现那里的人一个个都是黄黄的头发，高高的鼻梁。于是人们猜测他们是不是就是 2000 多年前失踪的那帮罗马兵团呢？难道他们在被帕提亚人打败以后，沿着丝绸之路逃到了中国？如果没猜错，这帮家伙准是逃到甘肃一带以后，觉得这个地方真不错，于是这帮大鼻子的罗马军人就地解甲归田，安居乐业，成了本分的中国农民。那个时代正好是中国的大汉时代。

罗马人的祖先是一帮从欧洲北方，沿着崎岖的小道翻过阿尔卑斯山，跑到意大利中部平原的游牧部落。在公元前8世纪左右定居在意大利中部台伯河（意大利语称特韦雷河）下游的平原上，在那里耕作繁衍。在建立了第一个共和国以后，罗马逐渐强盛起来，先是把亚平宁半岛全部拿下，公元前2世纪左右，阿基米德的故乡西西里岛也被罗马人拿下。接着罗马共和国的强大军团把意大利半岛周围全都扫荡了一遍，埃及拿下，迦太基拿下，马其顿拿下。到公元前40年左右罗马的版图包括现在欧洲的西班牙、意大利半岛、希腊半岛、法国、英国、非洲的埃及、利比亚，还有突尼斯、摩洛哥和阿尔及利亚沿地中海的部分，另外还包括亚洲的土耳其、叙利亚和巴勒斯坦。据说在进攻埃及的时候，罗马人不小心把亚历山大缪塞昂图书馆给点着了，大火烧了几十天，图书馆里几十万册书籍被烧成灰烬。

玩了几百年的"杀人游戏"，占了不少地方以后，罗马终于消停了。盖乌斯·尤利乌斯·恺撒（Gaius Julius Caesar，公元前102或前100 — 前44年）大权在握，他不想继续做共和国的执政官，想当皇帝。可是他的运气不好，被人暗杀，他的侄子屋大维在几年以后如愿以偿当上了罗马帝国第一任皇帝，从此共和国没有了，罗马成了帝国。

不过恺撒除了攻城略地以外，他还玩出一个让后代大为受用的玩意——儒略历，即日历，也就是我们现在使用的公历的前身。

恺撒干吗要玩日历？这是因为在建立了地跨欧亚非、庞大的罗马帝国以后，他如果下达一个法令，传到英国、西班牙、土耳其还有埃及（这些地方差着好几千里地）时，各地的时间必须是一致的。不能西班牙8月1号是星期天，埃及8月26号是星期二。可当时还就是那个样子，没有统一的日历。而且那时候罗马人和希腊人用阴历，埃及人用阳历，差的更邪乎。这可咋办？恺撒叫来天文学家一起商量，天文学家建议他统一使用埃及的阳历，但要做一些调整。恺撒同意了，于是在一个叫索西吉斯的天文学家的帮助下，经过一番调整，恺撒颁布了儒略历，规定大家都用这个日历。

他为什么偏要选埃及的阳历，而没有选罗马人已经用惯的阴历呢？阴历是从希腊传来的，是依据月亮的周期来计算，和太阳的周期有所不同，和现在我们中国每年的中秋节农历和公历不会一致是一样的。后来有个叫默冬的天文学家找到了太阳年和月亮周期之间的关系，也就是 19 年置 7 个闰月，可这也太麻烦了，万一哪个月忘了置闰咋办？而且还真的就是那样，没等到恺撒把埃及拿下，希腊已经搞不清春分和秋分到底是哪一天了，农民种地也闹不清楚哪天该撒种子哪天该浇水。

而埃及人早就开始使用按照太阳的周期计算的阳历。埃及人算出一个太阳年是 365 又 1/4 天，他们的日历是每年 12 个月，每月 30 天，然后再加 5 天是节日，这样是 365 天，少了 1/4 天埃及人就不管了。这样一来 4 年就会少 1 天，日久天长越来越少，要等 1460 年才能回到原来的位置。恺撒找来的那个天文学家索西吉斯知道埃及历的这个缺点，所以他建议恺撒：每年还是 365 天，不过每 4 年来个闰月，正好把少的那天补齐，这样不就万事大吉了。恺撒一听，这个主意太妙了。于是恺撒接受了这个建议，从此罗马开始使用公历，也就是儒略历。不过这个儒略历到了 1582 年时间又多了差不多 12 天半，这是咋回事呢？原来 365 又 1/4 天还不是很准，比实际的太阳年多了 0.0078 天，所以到公元 1582 年的时候多了 12 天多。1582 年一个叫格里高利的罗马教皇又把儒略历做了进一步修正，经过格里高利修正后的所谓格里历，就是我们现在使用的公历，中国是在 1912 年开始采用公历，但中国没有抛弃自己的阴阳历，也就是我们说的农历，是公历农历共存。

可能有人会问，公历的 7 月和 8 月为啥都是大月呢？这也是罗马人搞的鬼。恺撒颁布儒略历的时候，8 月是小月。可后来屋大维来了，他的生日在

8月。元老院觉得皇帝的生日不能是小月，得改，于是把8月改成大月，后面的月份重新排列。这一改一年中就有7个月都是大月，多了一天咋办呢？从2月抽出一天补上不就妥了！所以2月成了29天。元老院真是太懂得怎么拍马屁了。罗马人爱玩规矩，但规矩也是人定的不是？

恺撒颁布的为啥叫儒略历呢？是翻译的事儿，儒略历英文名字叫 Julian Calendar，中国不知哪位伟大的先哲在翻译的时候，就把 Julian 翻译成了儒略，所以叫儒略历，这个名字太有韵味了。

儒略历是罗马人玩出来的第二件事，还是为了他们的秩序。

罗马人玩得很实际，用现在的说法，希腊人玩的是基础理论，罗马人玩的是应用技术。在罗马统治世界的几百年里，希腊人玩的形而上学理论不断衰落，最后一个被历史学家认为还是属于希腊科学的就是那个生平跟谜语一样的丢番图，他是代数的开创者。从他以后，形而上学的理论就不再吃香，也没人去研究了。其实罗马人可能也挺羡慕希腊人的那种悠闲，可他们不知道是因为笨还是懒，玩理论就是不如希腊人，虽然也出过几个想继承希腊传统的人，但他们也只是把希腊的学说做些注脚或者诠释，实在提不上台面。

不过罗马人也没闲着，除了共和制度和儒略历，他们还玩出了不少很有意思的事情。其中玩得最出彩的应该是罗马的建筑，至少是2000多年以后的今天，我们还可以在意大利的许多地方看见那些规模雄伟的剧场、角斗场、神庙、宫殿、凯旋门和各种公共建筑。这些大多数建于公元前 5 ～ 2 世纪的建筑，至今仍然充满了神奇的魅力。

　　罗马人玩建筑，应该说是继承了希腊人的衣钵。希腊人比较爱玩所谓的柱式建筑：他们把大理石或者花岗岩的石块垒成柱子，围在建筑物的四周，就像那座经历了 2500 年风霜的卫城遗址——十几米高的柱子到现在仍然矗立在希腊首都雅典。罗马人也玩柱子，而且玩出了新式样的柱子，现在风行世界的罗马柱便是他们玩出来的。除了玩柱子，罗马人也玩别的，在柱式建筑的基础上他们支起一个半圆形的拱门或拱窗，这就叫拱券式建筑。他们还玩出各种不同的拱券，比如，桶形拱、交叉拱、十字拱还有拱形的穹顶，花样还不少。著名的罗马斗兽场，那座高达 50 多米、雄奇的拱券式建筑，已经矗立了将近两千年。

　　中国的拱券式建筑来得比较晚，而且中国早期的拱券式建筑都是埋在地下的墓室，叫"阴宅"。地上的拱券式建筑就来得更

晚了。为啥罗马人在公元前好几百年就会玩拱券呢？原来他们是得益于老天爷的恩赐。古代地中海边上曾经发生过很多次火山爆发，最有名的一次就是维苏威火山爆发，著名的庞贝城就是被那次火山爆发在一夜之间给埋了，1700 年以后又被一个种葡萄的老农不小心挖了出来。

拱券式和活埋庞贝城的火山爆发有啥关系？有关系。火山爆发时，除了会喷出炙热的岩浆，以及乱七八糟的大石头小石头以外，还有样东西，那就是火山灰。火山灰是由更小的石头碎末和各种矿物质组成的。大量的火山灰被喷上天空，然后慢慢落下来，在地上积起厚厚的一层。希腊人早就发现把火山灰和其他一些材料混合以后有很强的黏结性，拿火山灰盖房子很结实。用火山灰和石灰沙子搅拌在一起，这就是罗马人发明的罗马砂浆，其实就是天然的混凝土。用火山灰搅拌出来的混凝土虽然没有现在的水泥那么结实，但比起中国以前用黄泥搅拌的三合土还是结实多了。所以罗马人要感谢老天爷这么照顾他们：虽然埋了一个庞贝城，但他们有幸用上了很结实的罗马砂浆，成功地搞出这么多带有漂亮曲线的拱券式建筑，而且直到今天还能让我们瞅见他们那些伟大的作品。

罗马人玩都是为了他们的秩序，玩建筑也没忘。有个叫维特鲁威（Marcus Vitruvius Pollio，公元前 1 世纪）的人写了一本书《建筑十书》，按现代语言来说，其中第一书是建筑师以及建筑工程管理；第二书讲了盖房子的历史还有各种建筑材料；第三书写的是神庙建筑的各种方法和规范；第四书是修建各种罗马柱的方法和规范；第五书是剧场、广场、体育场和浴场等公共建筑的方法，包括剧场的声学原理；第六书是气候以及住宅的建筑方法；第七书是写地面和墙壁的处理，包括各种材料；第八书讲供水和上下水等；第九书是天文知识；第十书写了当时很多建筑机械和工具，还有弩炮。这本书不但是一本非常全面的建筑百科全书，也是 2000 年前的建筑规范手册。秩序，

罗马人永远不会忘。

　　那这个维特鲁威是个啥人物呢？据说维特鲁威是恺撒大帝手下的一位军事工程师，负责管理各种武器。这个人受过很好的希腊式教育，可他不想继续玩形而上学，而是把那些玄妙的知识用在实际中，于是他玩起建筑规范来了。他的《建筑十书》为建筑设计了三个标准：持久、有用、美观。他认为建筑是对自然的模仿，人类的建筑就像小鸟和蜜蜂筑巢一样，人也是用自然的材料建造自己的窝。他不但精通建筑，还懂得许多数学和物理知识，并且喜欢天文。所以在他的《建筑十书》里，把关于声学的、力学的、机械的还有天文学的知识也都包括进去了。

▶ 　股票基金赔了还是赚了，商店里牛仔裤、iPod 上的价签儿，这些都是由数字来表示的。这几个被我们称为阿拉伯数字的，长得和小蝌蚪差不多的东西，其实是印度人玩出来的，但被阿拉伯人传向了全世界。中世纪的东方到处都是玩家，不过后来的科学革命却没有发生在东方。

第六章

贪玩的东方人

罗马人喜欢玩，但那绝对是贵族的事情。虽然都是奴隶社会，但罗马和希腊的风格完全不一样：希腊人对待奴隶，就像如今家里的保姆，大家和睦相处，还经常一起玩几何，一起在街边上辩论，奴隶小包袱里包着的银子也许不比贵族少；可罗马的贵族不一样，他们不但对奴隶非常残暴，而且他们只想自己玩，不让别人玩，所以那时候罗马的奴隶们很惨，被折磨得完全喘不过气来，奴隶起义此起彼伏。

奴隶起义肯定要被残酷地镇压，镇压以后奴隶们的生活更加悲惨。罗马残酷的暴政让奴隶们对前途几乎失去了希望，不得不祈求上苍的保佑。恰恰在这时候，一个人出现了，他就是伟大的耶稣。

传说耶稣在公元元年前后，诞生在以色列伯利恒旷野的一个马厩里。关于耶稣降生，《圣经》的《马太福音》里还有一段很有趣的故事。《圣经》里说玛利亚许配给约瑟，还没有成婚，圣灵就使玛利亚怀孕了。约瑟知道了虽然很郁闷，但他是个讲义气的人，不想公开指责妻子。后来上帝派天使在约瑟梦中告诉他，你妻子怀的是圣灵。这个圣灵就是耶稣，耶稣是上帝派来拯救人类的。

有的历史学家这样描述耶稣："耶稣长大后具有神力，能起死回生，驱魔逐妖。他招收12个门徒，到处云游传道，影响日盛……"耶稣是个善良的人，他对罗马的暴政感到失望，如何才能拯救那些可怜的生灵呢？他认为人之所以要经历苦难，那都是因为我们所有的人都像是戴罪的羔羊，所以他建议人们要彼此相爱，要禁欲，并且不断地忏悔，还有一件事至关重要，那就是颂扬伟大的上帝耶和华。

那时候的以色列是罗马帝国恺撒大帝统治下的城邦，犹太教已经在以色列盛行，耶稣的行为让这些犹太教徒感到不自在，他们想害耶稣。于是公元30年左右，在阴谋家的唆使下，达·芬奇著名油画《最后的晚餐》里的故

贪 玩 的 人 类
写 给 孩 子 的 科 学 史

事上演了，12门徒中的一个把耶稣出卖了，耶稣被判死刑，最后惨死在十字架上。

"斗转星移，到了罗马建国 753 年。此时，恺撒、屋大维正住在帕拉坦山的宫殿里，忙于处理国事。

在一个遥远的叙利亚（是现在的以色列，房龙在写书的时候，以色列国还没有建立——作者注）小村庄里，木匠约瑟的妻子玛利亚正在悉心照料她的小男孩，一个诞生在伯利恒马厩里的孩子。

这是一个奇妙的世界。

最终，王官和马厩将要相遇，发生公开的斗争。而马厩将取得最后的胜利。"

这是房龙描绘的那段历史。

尽管犹太教对耶稣恨之入骨，可耶稣的话感染了许多穷困潦倒的老百姓，他们不希望耶稣就这样走了，于是就在耶稣死后第三天，故事发生了。有人说耶稣复活了，而且有人在外面真的看见了他。不久又有一个人出现了，他说，在十字架上受难而死的伟大的耶稣就是上帝派来的真正的救世主，他的死是替我们人类赎罪。说这话的人叫保罗。基督教就这样渐渐进入了人类社会。

基督教告诉大家，现世的痛苦不要紧，因为我们都是戴罪的羔羊。只

要彼此相爱、禁欲、忏悔并且歌颂上帝就能赎罪，赎罪以后就会上天堂，在天堂里你将会得到永恒的快乐。

耶稣的话是如此的美好，对于那些几乎失去未来的奴隶，这就像甘露滋润了干枯的小禾苗。他们多么希望真的可以进入那美好的天堂。他们觉得耶稣说的肯定是真的，起码愿意相信那些。

基督教的出现对于当时大多数人来说是件好事，至少让那些饱经磨难的人们心里有了一点点寄托。不管天堂是不是真的存在，俗话说得好，信则灵。基督教给奴隶带来了希望。两三百年以后，基督教之火已经在罗马帝国的大地上熊熊燃烧起来，最后连罗马皇帝都不得不承认基督教的合法性。公元 325 年罗马皇帝君士坦丁亲自主持了基督教的第一次全体主教大会。公元337 年，65 岁的君士坦丁接受基督教洗礼，成为历史上第一位基督教皇帝。

又过了几十年，公元 380 年，罗马皇帝干脆把基督教定为国教，从此基督教雄起起气昂昂地走进了罗马帝国，走进了欧洲。基督教可以给穷人带来希望，就连皇帝和贵族也慢慢相信上帝是主宰世界唯一的神圣。

基督教开始是为穷人的，可自从成为罗马帝国的国教以后，基督教就不再仅仅为穷人了。

《圣经》告诉人们，这个世界是上帝耶和华在某段时间里创造出来的。所以只要不断地颂扬上帝，上帝就会显灵，任何事情上帝都可以做到。以往希腊人研究的那些问题，比如到底是地球转还是太阳转，那都是胡扯，这些都是上帝的事情，人没必要去关心。于是玩遭到禁止，大家都必须虔诚地向上帝忏悔、赎罪，任何违反上帝旨意的事情都不要去想，更不要说去做。爱玩的人甚至遭到迫害，亚历山大缪塞昂的图书馆已经烧掉，雅典的柏拉图学园在公元 476 年也被封闭。一个不让玩的时代来到了当时的西方，这个时代被西方人称之为欧洲黑暗的中世纪。这事儿倒是不能全怪基督教，更不能怪耶稣，就像中国人不能怪孔夫子一样，那都是当时的统治者太没文化，太不讲理。

黑暗年代是不是全世界都一片黑暗,全世界再也没有人玩了呢？不是的，那时的东方不但不黑暗，而且是一片光明。东方在哪里？东方就是现在的阿拉伯、印度还有我们伟大的中国。

阿拉伯人也许是古希腊科学精神最好的继承者，而且我们应该好好地感谢他们，因为如果没有他们，古希腊人玩的所有事情，可能到现在都不会有人知道，今天会不会有火箭、互联网也很难说。

阿拉伯半岛就是亚洲西南部、波斯湾、印度洋和红海包围着的一块大陆，那是世界上最大的一个半岛。这个半岛有个特点，就是浩瀚无边的沙漠。在连绵的沙漠之间镶嵌着明珠般的绿洲，阿拉伯人就生活在一个个童话般的绿洲之中。当古埃及、古希腊正热热闹闹地玩这玩那的时候，阿拉伯那边还是个十分荒蛮的地方，带着头巾穿着长袍的阿拉伯游牧部落还在那里辛苦地放着羊。像《一千零一夜》里那些不靠谱的故事所描述的，穷苦的牧羊人受尽贵族老爷的欺压，可英俊的穷小子又深深地爱上了贵族老爷家美丽善良的公主。

公元 570 年，在如今的阿拉伯圣城麦加，一个伟大的人出生了，他就是后来穆斯林世界伟大的先知穆罕默德（公元 570—632 年）。穆罕默德是阿拉伯贵族老爷的后代，但他的父亲在他出生前就已去世，于是家道败落，是个穷人了。有贵族的血统爱玩是肯定的，可那时候阿拉伯没人玩啥科学，希腊的经典也还没看到过。不过受到当时已经很流行的犹太教和基督教的影响，穆罕默德成年以后玩起了默想。

啥叫默想呢？穆罕默德每年都会抽出一个月的时间跑到距离麦加三里路远的一个洞穴里祈祷，并且默默地思考，这就是默想。

就这样伊斯兰教在穆罕默德的默想中产生了。开始穆罕默德也受到排挤，他不得不带着自己的信徒离开麦加，来到麦地那，建立了军队，这一年是公元 622 年，即伊斯兰教纪元的元年。8 年后（公元 630 年）穆罕默德返回麦加，并且很快统一了整个阿拉伯半岛。虽然穆罕默德在公元 632 年去世，但他的门徒继续开展圣战，扩大战果，到了公元 8 世纪，强大的阿拉伯帝国已经成为东方的霸主。

在罗马帝国，基督教不让玩，希腊的玩家们只好纷纷逃到当时被称做拜占庭和波斯的地方，把柏拉图、亚里士多德还有欧几里得、阿基米德等几乎所有希腊大学者的著作都带到了那里。

拜占庭也叫东罗马帝国，是从罗马帝国分裂出来的一帮骑兵。他们不再运用罗马守旧的步兵战术，改为骑马，结果两拨人打了起来，最后分成东、

西两个罗马帝国。由于他们的地盘在现在的小亚细亚、叙利亚、巴勒斯坦等地方，并且首都君士坦丁堡在古希腊时属于拜占庭，所以东罗马帝国也称为拜占庭帝国。拜占庭帝国比正宗的罗马帝国——西罗马帝国多少好点。

而那时的波斯人就喜欢打仗，所以无论拜占庭或者波斯都对这些玩家不闻不问，这样玩家们就在拜占庭和波斯待了下来。阿拉伯人在642年击溃了波斯军队并占领了拜占庭大片土地以后，逃到波斯和拜占庭的希腊玩家们转眼间便成了阿拉伯帝国的臣民。

阿拉伯的君主们和笃信基督的罗马皇帝不一样。先知穆罕默德爱玩，那他们也必定爱玩。阿拉伯的君主们除了鼓励商人与周围国家（包括中国）做生意以外，他们还大力支持科学，也就是支持玩家。那些从西方逃难过来的玩家们终于找到了另一个乐园，正可谓："西方不亮东方亮。"

公元830年，当时的阿拉伯君主哈里发哈伦，在如今的大马士革建了一座和亚历山大缪塞昂差不多的"智慧馆"，他们聘请了一批专职的翻译，把希腊著作统统翻译过来，供阿拉伯的玩家研究和学习。在亚历山大图书馆被烧毁、柏拉图学园被关闭以后，又一个体现希腊科学精神的嘉年华出现在了东方阿拉伯帝国的土地上。而那些古希腊的伟大经典在几百年后又被杀进耶路撒冷的十字军作为战利品带回了欧洲，为欧洲文艺复兴以及后来的科学革命带去了精神的种子。

阿拉伯这块地方正好处在西方的欧洲与东方的亚洲（这里有着另外两个文明古国中国和印度）中间，阿拉伯不但保存了大量的古希腊经典，他们同时还起到了促进中国、印度与西方交流的作用。

印度是个十分神秘的国度，在大山和密林深处到处矗立着梦幻般的巨大神庙。印度的历史也如同梦境，笼罩在云里雾里。印度也有很多爱玩的人，他们除了能玩出那些神秘的庙宇以外，在天文和数学上也玩得很出色。古代的印度人把宇宙想象成一个大锅盖，大地中央的须弥山支撑着天空，日月星辰都围绕着须弥山转动。大地由四只大象驮着，四只大象则站在一只大乌龟的背上，这只乌龟浮在水上。多么美妙的想象！不是玩家哪能想出这么奇妙的景象。

印度在很早的时候就采用了十进制，在公元 3 世纪希腊的数学传入印度以后，印度的几何、算术还有代数都得到很大的发展。现在我们使用的阿拉伯数字符号就是印度人的发明。可为啥没叫印度数字，却叫阿拉伯数字呢？这就是阿拉伯人的功劳了。一个叫穆罕默德·伊本·穆萨的阿拉伯数学家，是他把印度的数字符号引入数学，并且传到了欧洲。虽然这些符号开始是印度人发明的，却是穆罕默德·伊本·穆萨把它们传向了全世界。由于印度人不懂得宣传自己，所以专利权被阿拉伯人抢去了，并且成为全世界共同的文化财富。

这是阿拉伯人促进东西方交流的第一件事。

中国是一个具有 5000 年文化的文明古国，不过西边的大山和东边的大海把中国这块地方包得严严的，古时候没有火车，没有轮船，飞机更别想，出个远门只能靠骑马或者骑毛驴，晃悠一天也就能走几十里地。所以要跋涉几万千米到印度以外的阿拉伯甚至欧洲，那是根本不可能的事情。因此在很长的历史阶段，中国很难与周围的国家取得联系。唐朝的高僧走了一

年才走到天竺，也就是现在的印度。

是阿拉伯的生意人推开了中国的大门，丝绸之路把中国人的视野扩大到了阿拉伯地区，于是美丽的阿拉伯公主穿上了来自中国的漂亮丝绸裙子，而中国的许多新技术，如四大发明也被阿拉伯商人带出中国，传向了世界。这是阿拉伯人玩的另外一件事。

中国也是不受当时西方黑暗中世纪影响的地方。从 5 世纪至 15 世纪这1000 年，中国经历了隋、唐、两宋、元朝和明朝，是中国文化得以迅速发展的时代。尤其在文学艺术方面，中华文化在这 1000 年里不断涌现出一个个文化高峰，唐宋两代可谓是登峰造极。这个时代中国也有很多玩家，关于中国玩家都有什么精彩的故事，老多将在今后的另一本书里详细地去讲解，这里先不多说了。

但有一点很重要，那就是中国的四大发明给阿拉伯和欧洲带去了不少新技术。中国的印刷术和造纸术对西方文明，尤其是科学的传播起到了非常巨大的作用。指南针在航海以及各种探险活动中是非常重要的，而火药对于矿山的开采或者诸如筑路修桥等工程更是不可或缺。除了这些实在的作用，更重要的是，这些发明和技术背后所呈现出的事物本质，还在后来欧洲的科学和工业革命中起到了非常巨大的启发作用。

说到这里，有人可能会问，既然中国人有了四大发明，也有很多玩家，那科学和工业革命为什么没在中国出现，却跑上万千米以外去启发欧洲人搞革命去了？难道中国人就这么笨吗？

其实不然，中国古代的玩家玩的方式和古希腊人不一样。在比古希腊人更早的时代，中国人就已经开始了对大自然的探索和追问，只是他们运用的方法和柏拉图、亚里士多德大不相同。

这话又从何说起呢？

在非常遥远的古代，也许是大禹治水以后的夏朝，或者更早的时候，中国就有了对自然的解释和认识。《黄帝内经》里这样说："人与天地相参也，于日月相应也。"啥意思呢？中国古人认为人是与天地互为相关的。关于天和地，《说文解字》说："天，颠也，至高在上。""地：元气初分，重浊阴为地，万物所陈列也。""颠"字在中文中的本意是人的头顶，所以中国古人认为头顶以上就都是天。地则是天地初开时，重浊而沉的万物。这样的哲学认为自然中的一切是与我们息息相关的。自然界里的各种生灵也是如此，《说文解字》中关于老虎的解释是："虎，山兽之君。""君"是对人的一种评价，如一个人地位的高低，权势的大小，不是自然属性。中国古人更关心的不是老虎属于什么属、什么科的动物，而是去研究老虎在大山里的地位。所以中国哲学不像古希腊人那样是对自然本身的描述，而是去琢磨人与天地万物之间的联系。这样的哲学是需要后来人去揣摩的。

古希腊的哲学家们告诉大家的都是很确定的，被他们称之为真理的事情，无须揣摩。古希腊的圣贤们直截了当地告诉大家：世界是很复杂、很神奇的，而且任何事情，包括我们人类在内，都是客观存在，和人的主观意识没关系。他们用自己细致的观察，并在做出尽可能仔细的分析判断之后，把他们对各种自然现象得出的解释告诉大家。比如，在观察方面，亚里士多德在他的《天象论》里关于彩虹的说明其实就是他观察的结果，他说："彩虹永远不会形成一个完整的圆形，它的弧段也不会超出一个半圆。日出和日落时出现彩虹的圆最小，但弧段最大；秋分后昼短，整个白昼都可看见彩虹；夏季，在午时虹是不会出现的。"从这些显得有点啰嗦的话中，可以看出他的观察有多么细致。还有，关于云的形成他说："气有湿干两性，两者结合的大气会有两种潜在的性能。当其凝结就成了云，而云在很高很远的地方凝结，集结就会较为浓厚。"这也是经过他的观察和判断得到的。他说的大气的另一种性能其实是风。所以只要是读过亚里士多德这些书的人，马上就会对自然现象有一个比较直观、清楚的了解和认识，就像看科普图书一样。现代科学就是沿着这些书上观察、判断的思路，启发后人继续去观察，去判断。

中国古代的玩家和古希腊人好奇和关心的事情是一样的，都是大自然，但是他们用了不同的态度和方法。对于指南针的两种不同态度，似乎正好可以说明中国玩家和西方玩家的差别。

中国人在很早的时候就发现带有磁性的石头——磁石。公元前 7 世纪左右的《管子》里就有关于磁石的记载："山上有磁石者，山下有铜金。"中国人最早运用磁石的性质制作出司南（也就是指南针）。北宋的大学者沈括，在他的《梦溪笔谈》里谈到了指南针的制作："方家以磁石磨针锋则指南，然常微偏东，不全南也。"他甚至还指出了磁偏角。除了指南针，中国人还发现磁石和人有关。首先，《山海经》里说："磁石吸铁，如慈母招之。"

意思是吸铁的磁石像妈妈的手一样。无论如何，《山海经》是第一个把磁石和人扯上关系的。磁石和人是否真的有关呢？还真有关，中医里，磁石是一味药，可以医治很多疾病。但磁石为啥指南，啥道理，也就是磁石的物理属性，却知之甚少。研究这个似乎不是中国人的强项，连沈括都稀里糊涂："磁石之指南，莫可原其理。"

但司南被阿拉伯人卖到欧洲以后（也有人说是成吉思汗的骑兵带到欧洲的，不管怎么样，是从中国带过去的），欧洲人对司南的物理特性产生了极大好奇，拿着这个奇怪的司南开始玩开了，这也显示出欧洲人玩物理的本事。1600 年（这一年是中国明朝万历二十八年），英国人吉尔伯特（William Gilbert）出版了一本书《磁石论》，这是对磁石第一个科学的解释。吉尔伯特通过各种试验，发现磁石的磁性来自地球内部。不仅如此，他还通过实验发现了磁倾角，从而证明地球确实是个大球球。吉尔伯特是把实验和理论相结合的第一人，也是现代实验科学的先锋。连伽利略都惊呼吉尔伯特"伟大到令人嫉妒的程度"。

古希腊人与中国人的这些差别，也许就是现代科学没有出现在中国的原因。

古希腊的学者们让西方的后代对自然本身更好奇，并且玩出了如今的现代科学。可是中国古代哲学中关于天人关系的思辨和研究就是糟粕吗？可惜除了中医理论，似乎很少有人去研究这个问题。对于中国古代圣贤们提出的像天人关系、阴阳五行等学说和思辨，它们背后是否还有更大、更深奥的秘密，自古以来，读书人没有去做深入的研究。读书人几千年来总是对圣贤们说的话、用的词出于啥典故争论不休。因为中国以前的读书人，读书的目的是做官，是"学而优则仕"。读书人是要写出漂亮的文章和毛笔字，而不是如何看待圣贤们这些思辨。于是天人关系和阴阳五行最终只能沦为算命先生拿来蒙人的说辞，或者是让人眼花缭乱、不着边际的玄学。

难道中国古代圣贤们的思辨只是算命先生的说辞，或者玄学？当出现在西方的科学走到今天，人们突然发现，科学虽然很伟大，却因此产生了漫天的二氧化碳、每天都在减少的生物还有也许再也无法恢复的绿色原野。这样的现代科学缺少的不恰恰就是中国古代圣贤们十分关切的，与自然和谐共处的关系吗？在这种时候，用一种新的思维，包括科学思维和方法去对待中国古代圣贤们的哲学，是不是可以得到一些启发呢？

▶ 《圣经》和古代圣贤的学说在欧洲传播了上千年,大家都相信:这个世界是上帝创造的,大自然所有的学问只要好好拜读圣贤们的书就可以了。但是,不知从哪天开始,有人开始怀疑了,包括上帝和古代的圣贤。他们要从另一个角度去看待眼前的这个世界,于是他们开始玩了。

第七章

挑战权威的玩家

自从希腊的玩家逃到了东方的拜占庭帝国甚至阿拉伯帝国以后，欧洲人就与基督教结了缘。

其实基督教本来不属于欧洲，耶稣出生在以色列的伯利恒，那里现在属于亚洲。基督教在欧洲确立威信和大量传播，要感谢一位叫奥古斯丁（Aurelius Augustinus，公元 354 — 430 年）的罗马人（他出生在现在的阿尔及利亚，那时候是属于罗马帝国的一个城市）。这个人不爱玩，他不但自己不爱玩，还写了很多书，让大家都不要玩。这些书大都是极力地向大家推荐基督教的，后来这些书成了基督教不朽的圣贤书。在他的《上帝之城》第一章开篇时他这样说："敌人属于这个世俗之城，为了反对这些敌人，我们必须捍卫上帝之城。"为了捍卫这个"上帝之城"他写了 22 卷，告诉大家上帝是多么神圣、多么伟大，"上帝之城"里是如何充满了光明和幸福。在另一篇著作《忏悔录》里他又说："主，你是伟大的，你应受一切赞美；你有无上的能力、无限的智慧。一个人，受造物中渺小的一分子，愿意赞颂你；这个人遍体带着死亡……你鼓动他乐于赞颂你，因为你造我们是为了你，我们的心如不安息在你怀中，便不会安宁。"伟大的《圣经》又告诉大家说，这个世界是上帝在 7 天的时间里一手创造出来的（其实是 6 天，《圣经·创世纪》上说："第七日，上帝完成了造物的工作，就在第七日放下一切工作安歇了。"），一切都是上帝决定的，因此也是最完美的，我们这些可怜的羔羊，只要好好地忏悔、赎罪并歌颂上帝就可以进入那个美妙的"上帝之城"。《圣经》上这些美妙的语言太有诱惑力了。而且奥古斯丁的书得到罗马皇帝的赞赏，从此以后几乎整个欧洲都开始虔诚地信奉上帝，大声地背诵着伟大的《圣经》，一心一意想进入那个美妙的"上帝之城"。

追求幸福是每个人不可剥夺的权利，而且只要忏悔、赎罪并歌颂上帝，就可以如此便捷地得到幸福，进入"上帝之城"，谁会拒绝这样的诱惑呢？

还有谁费劲去研究什么地球转还是太阳转的问题呢？让那些"愚蠢"的希腊人见鬼去吧！

就这样，好几百年的时间过去了，在《圣经》的背诵声和教皇威严的权威下，再也没有人玩了，古希腊精神随着时间的流逝被抛到了九霄云外，这就是黑暗的中世纪。

可历史偏偏时不时地要来点奇迹，奇迹虽然不那么容易出现，但只要出现一次就足够让人类享用无尽。

这个奇迹发生在耶路撒冷。这是一个很奇妙的城市，一个被犹太教、基督教还有伊斯兰教都认为是"圣地"的城市。7 世纪，耶路撒冷被阿拉伯的穆斯林占领，那时候的穆斯林比较宽容，伊斯兰教、犹太教和基督教徒们和睦相处，各自歌颂着自己的圣灵，三种宗教相安无事。可是到 11 世纪，有一个阿拉伯君主不喜欢宽容，他突然下令摧毁耶路撒冷所有的犹太教和基督教的教堂，唯穆斯林独尊。这可激怒了欧洲的基督教徒：可恨的异教徒居然敢侮辱我们的圣地，必须把他们干掉，夺回圣地。于是一场延续了将近 200年的战争——十字军东征开始了（到现在耶路撒冷仍然是一个充满争议的城市）。

按说战争是件坏事，起码是一件可怕的事情，可奇迹就这样发生了：杀进耶路撒冷的十字军骑士们一不小心干了件好事，那就是前面说的，他们把在欧洲遗失了几百年的希腊典籍作为战利品从拜占庭和阿拉伯带回了欧洲。

贪 玩 的 人 类
写 给 孩 子 的 科 学 史

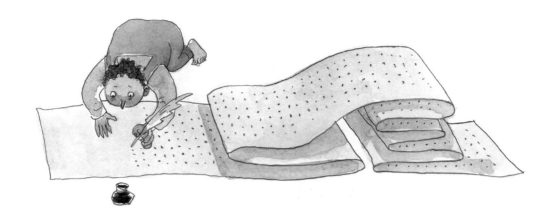

据说中国的纸、印刷术还有指南针、火药也是十字军从那次战争中带回欧洲的（也有人说中国的印刷术不是十字军，而是成吉思汗的蒙古骑兵带到欧洲的，这里就不仔细研究了）。

有了从中国传来的纸和印刷术，又背回来许多古希腊的典籍，这下欧洲的玩家们可高兴坏了。以前书都是手抄的，很费劲，欧洲人在没有中国的纸和印刷术以前，书是用羊皮做成，并且一个字一个字用手抄上去，所以非常贵重，没钱的人根本看不起。自从有了中国的纸和印刷术，十字军从阿拉伯带回来的古希腊典籍就像雪片一样在欧洲飘落下来，很多人都可以看到了。于是一个伟大的时代来到了，这个时代就是我们大家都很熟悉的文艺复兴时代。

文艺复兴到底是怎么回事？凭什么说十字军从阿拉伯背回几本古希腊的破书就会让欧洲的玩家兴起，并且整出一个文艺复兴？

文艺复兴是一个延续了几百年的事情，而且涉及的领域很广泛，包括文学、绘画、雕塑、建筑、音乐、舞蹈、哲学、宗教还有科学，那叫一个热闹。这段历史，足够一个历史学家研究半辈子。而来自古希腊的那些破书，对文艺复兴的兴起和发展确实起到了非常巨大的推动作用。

　　到 12 世纪，十字军已经几次进犯耶路撒冷，那时他们可能已经把很多古希腊的典籍带回了欧洲。就在那个时候英国出现了一个人，他的名字叫罗吉尔·培根（Roger Bacon，公元 1214 — 1292 年）。这个名字和另一个提出"知识就是力量"那个至理名言的弗兰西斯·培根有点像，但不是一个人。弗兰西斯·培根比罗吉尔·培根年轻 300 多岁。为啥我要说这个罗吉尔·培根呢？

　　所谓文艺复兴，就是把古希腊那些美妙的艺术和科学成就发扬光大。但如果仅仅是恢复过去的成就那不就成倒退了？文艺复兴之所以可以成为一种推动世界文明大踏步前进的力量，最重要的不是复兴，而是再创造，用时髦的话说就是创新。而罗吉尔·培根就是首先提出要创新的人，尽管他自己没有赶上文艺复兴的时代，甚至在生命的最后十几年还被教皇关押在监狱里。

罗吉尔·培根一生写了三部著作：《大著作》《小著作》和《第三著作》，在他的著作里提出了一个很著名的思想：人之所以犯错误原因有四，即对权威的过度崇拜、习惯、偏见与对知识的自负。怎么才不会犯错误呢？培根主张"靠实验来弄懂自然科学、医药、炼金术和天上地下的一切事物"。他把实验当做验证真理最有效的方法，因此成为了现代实验科学的先驱。罗吉尔·培根肯定也是个玩家，只不过他生不逢时，从教皇的监狱出来不久，可怜的罗吉尔·培根便离开了人世。

中世纪人们的思想不只是被基督教所束缚，古希腊一些哲人的思想经过与基督教义的融合，也成了和《圣经》一样字字句句都是"真理"的"圣贤书"，如亚里士多德和托勒密对宇宙和世上所有事物所下的结论，也变得"神圣而不可亵渎"（房龙语）。不是说中世纪古希腊的学问都没了吗？怎么还有古希腊的事儿呢？中世纪古希腊的理性思维没了，可他们那些完全不靠谱的结论多少被保留在中世纪的经院哲学里，而且被视为颠扑不破的真理。罗吉尔·培根正是看到了这一点，所以他提出了创新和实验。

有了创新的精神和用实验来验证真理的方法，古希腊的几本破书就起作用了，因为在这几本破书里，不仅仅有作者对世界的解释，还包括他们的理性思维。一大批玩家开始用怀疑的眼光重新认识眼前这个世界，这些玩家就是被房龙称为"一批不经其先知允许而独立思考的人"。

文艺复兴在其他领域的情况后面还会说到。在科学方面，文艺复兴中"不经其先知允许而独立思考"的玩家们，是使得我们如今能够享受科学盛宴的真正先驱。这其中最著名的就是尼古拉·哥白尼（Nicolaus Copernicus，公元 1473—1543 年）。

哥白尼，是波兰人也是全世界人的骄傲。1473 年哥白尼出生在波兰一个富裕的家庭，他是一位虔诚的基督教徒。成年以后他成为波兰波罗的海边上一座小城弗伦堡的教士和医生。除了给虔诚的教徒们讲经布道、给病人看病以外，他还喜欢看天上的星星，这和他的职业没关系，完全属于玩的范畴。弗伦堡城里有座高高的箭楼，被哥白尼买了下来，自此那里成了他晚上看星星的乐园，在那里他一直待到离开这个世界。

看星星是哥白尼从小就喜欢玩的，关于他小时候看星星的事，谷歌上可以查到这样一段趣闻：哥白尼的哥哥对他成天对着夜空发呆觉得大为不解："你为啥老是对着天空发呆？难道在向天主祈祷？""我在观察天象，想知道里面的秘密。""什么？你要管天上的事情？天上的事情是上帝管着的，你怎么能管？""为了让大家望着天空不感到害怕，我要研究它一辈子。""不听我的，你这辈子有罪受了。"哥哥严厉地警告他说。

哥白尼为啥说那时候的人看着天空会害怕呢？这就是经院哲学里古希腊人神圣而不可亵渎的"真理"的错了。亚里士多德和托勒密当年也是自己玩，他们没有啥先进的仪器，所以他们凭着自己的观察，并且按照他们可以理解的方式去解释，也就是说他们还不可能想到看似旋转的天空，其实并不是天空在转，而是我们在转。可当时没人会想到，天空在转这个完全符合观察结果的经验却是一个假象。于是他们以地球为中心，描绘了一个非常神奇而又完美的天空：整个宇宙是一个巨大的天球，地球在这个天球的中心，天上所有的星星都在围着地球旋转。天球里各种星体分为九层，有七层是行星天，然后是恒星天和原动力天（也叫做水晶天）。上帝住在水晶天上，推动着恒星天，并带动行星天一起转动。水晶天以外什么都没有。经院哲学把这些不靠谱的结论作为颠扑不破的真理，却把亚里士多德通过观察去了解宇宙的方法扔在一边。

因此，当人们听到这些解释，晚上再抬头看着漆黑的苍穹，无数的繁星在那里诡异地闪烁着，而且这些闪着光的星星都是一个叫上帝的神在操控

着，也就是说在这漆黑天空的背后还有一双眼睛在紧紧地盯着你！这样的天空当然会把人吓得够呛，谁晚上还敢出门，更没人敢站在如此可怕的黑夜里看星星！

不过哥白尼不管这套，他每天都盯着夜空，想找出其中的奥秘。开始哥白尼也对托勒密的说法深信不疑，不过看的时间长了他发现，托勒密说的好些事不怎么靠谱。因为在托勒密的时代对星星的观察还不是很细致，尤其是行星的运转轨迹总是会飘忽不定，弄得托勒密很苦恼。于是他在行星圆圆的轨道（本轮）上加了很多小圈圈（均轮），想用这个办法把飘忽不定的行星给揪回来。从托勒密到哥白尼又过去了1400多年，随着观察越来越仔细，行星的轨道越发飘忽不定，于是托勒密的均轮也越画越多，到了哥白尼那个时候，均轮遍布天空，有80多个。这让哥白尼很纳闷：上帝怎么会这么笨，造出一个这样的宇宙？上帝能干这么傻的事情吗？如果不是上帝干的，那问题出在哪儿呢？

哥白尼开始怀疑了，他想：如果宇宙是上帝创造的，那宇宙应该是完美的，不应该像托勒密搞的那样到处是均轮。可不要均轮也确实不好解释那些飘忽不定的行星。哥白尼也同样陷入了困境。突然，一个疯狂的想法出现在哥白尼的脑海之中：如果那些星星不是围着地球转，地球不是宇宙的中心会怎么样呢？为什么说这想法很疯狂？那是因为在哥白尼生活的时代，托勒密的学说已经被基督教当成了和《圣经》一样不可亵渎的"真理"，是不可以违抗的。地球是不是宇宙的中心哥白尼说了不算，而是上帝说了算。哥白尼想改变地球的位置就会像他哥哥说的那样："不听我的，你这辈子有罪受了。"

但是哥白尼为啥还会这样想呢？最根本的原因就是哥白尼是在玩。亚里士多德和托勒密也都是玩家，托勒密自己就曾经说过："我是凡人，我知道我终有一死，但是当我随着繁星的圆周轨道畅游的时候，我的双脚已经离开大地……"（摘自卡尔·萨根的《神秘的宇宙》）。托勒密和哥白尼同样都在玩，而玩家的心灵必定是相通的。托勒密似乎在对哥白尼说，别把我的说法全都当根葱儿，虽然已经被你们的教士们当成了不可亵渎的圣贤书，咱们都是玩家，你只要认真地读我的书，那上面就会告诉你如何去玩。于是，哥白尼便按照他的疯狂想法继续玩了下去。

大家肯定已经看出来了，这就是哥白尼提出日心说的故事。哥白尼不但喜欢看星星，他的数学也十分了得，这是当年亚里士多德和托勒密无法做到的。哥白尼把观察到的结果进行了周密的运算，他发现如果把宇宙的中心搬到太阳上，那么许多均轮都不需要了，宇宙将恢复完美的面貌。经过更加仔细的观察计算和实验，哥白尼相信：大家以前都错了，地球根本就不是宇宙的中心！

可如果让太阳成为中心，那就意味着哥白尼要彻底否定 1400 年来的传统，是对权威的挑战，也是对基督教教义的违抗。怎么办？

是让大家继续被以往错误的结论愚弄下去，还是把真相告诉大家？尽管可能会困难重重，哥白尼还是选择了后者。于是，《天体运行论》出炉了。在第一卷的引言里他写道："在人类智慧所哺育的名目繁多的文化和技术领域中，我认为必须用最强烈的感情和极度的热忱来促进对最美好、最值得了解的事物的研究。这就是探索宇宙的神奇运转，星体的运动、大小、距离和出没，以及天界中其他现象成因的科学。简而言之，也就是解释宇宙的全部现象的学科。"

在这本书里哥白尼用极为精确的计算和大量的观察，还有详细的实验结果告诉大家：不是天在动，而是我们在动。他还告诉大家地球是圆圆的一个大球体，地球虽然很大，但在宇宙中是微不足道的，地球是在围绕着太阳旋

转。哥白尼的计算从现代科学的角度说都是极为精确的，他算出的回归年，也就是地球围绕太阳旋转一周的时间，和现代计算只有百万分之一的误差。月亮和地球之间的距离误差也只有万分之五。

哥白尼比较胆小，他对自己的发现虽然充满了感情，正如他自己所说："这门学科还能提供非凡的心灵欢乐。"但他不想因为自己的发现而得罪任何人，更不想让他哥哥的警告成为事实。况且，哥白尼研究天文并不是想借此得到任何荣誉或者金钱，他只是在玩。只不过他在玩的过程中发现了真理。他希望坚持真理，却又对基督教充满了敬畏。在朋友的劝说下，犹豫不决的哥白尼终于决定出版这本书。而就在《天体运行论》出版的那天，他离开了人间，这一天是 1543 年 5 月 24 日。

《天体运行论》的出版对教会是一次极大的挑战，他们怎么能容忍把本来是宇宙中心的地球降格成一颗微不足道的行星？不过，红衣主教施福治对教皇说："我建议不要理睬这种亵渎的言论，因为既然恶魔已点了火，你再去给它扇风，火就会烧的更大。最好是不闻不问。"因为哥白尼是用拉丁文写的《天体运行论》，这种文字有点像中国古代的文言文，只有有学问的人才看得懂，教皇觉得对市民的影响不会很大，所以没有取缔这本书。直到

70年以后由于伽利略对太阳中心说的赞成再一次惹恼了教皇，《天体运行论》才被禁。

现在想想，罗马教皇和大主教们难道就一点都不明白哥白尼的发现是怎么回事，而且是正确的吗？教皇和主教大人们是受过良好教育、很有修养的人，他们看了哥白尼的书肯定相信他是诚实的，结论也是对的。就像卡普亚红衣主教1536年11月1日给哥白尼的一封信上说的："几年前我就听到关于您的高超技巧的议论，每个人都经常谈到它。从那时起我就对您非常尊重，并向我们同时代的人表示祝贺，而您在他们中间享有崇高的威望。"可见，写出这样的信的人是多么有修养。

但是教皇和主教们不能同意哥白尼，必须遵守他们已经遵守了一千多年的权威和传统，他们犯了罗吉尔·培根说的4种错误中所有的错误。如果可爱的教皇和主教们不那么固执，不那么迂腐，也喜欢玩的话，说不定现在全世界的基督教徒还要增加好几倍。

"这是为什么（why）"是孩子们最喜欢问爸爸妈妈的问题，而且经常会把爸爸妈妈问得目瞪口呆。这个问题并不是只有科学家可以回答，这个问题神学家也可以解释。比如"为什么会有人？"神学家回答："因为神创造了人。"后来，玩家发现不该这样问，而是要问"怎么了（How）"。因为"怎么了"才是用我们可以了解的方法，如古生物学、物理学或者数学的知识和方法去做出解释和判断的。第一个这样玩的人是伽利略。

第八章

物理也是
玩出来的

物理，英文是 Physics，源于希腊文的"自然"一词，中文"物理"则是由宋朝朱熹提出的"格物致理"而来。

对于物理大家都很熟悉，只要上过中学的人多少都有一些物理学的常识，如"动者恒动，静者恒静"，这其实就是牛顿的力学第一定律。物理学家就更多了，牛顿、爱因斯坦是物理学家，霍金是，咱们中国的三钱（钱学森、钱三强和钱伟长）也是，还有那位可爱的美国佬，很淘气的费曼，等等，他们都是大名鼎鼎的物理学家，物理学大腕儿。

《简明不列颠百科全书》里对物理下的定义是这样的："物理科学是人们在努力探索周围无机环境的过程中所获得的精美而系统的成果。"

那个一边喊着"尤里卡！尤里卡！"（"尤里卡"原是希腊语，意思是"好啊！有办法啦！"）一边光着膀子跑出澡堂子的阿基米德玩的就是物理。物理就是对我们身边的各种物体的探究，古文"格物致理"说的很贴切，"格"在古文中有推究、匡正之意，推究事物所得之理就是物理。

不过现代的物理学，可不像古时候那样，在澡堂子里洗澡就能喊出"尤里卡"了，尤其是现在，想喊"尤里卡"，是要一帮子玩家拼上老命才能换来的。而且那些用蝌蚪一样的奇怪符号和公式连起来的东西，完全把人整到云里雾里，让一般人根本别想搞清物理学家在玩些什么。这倒也不怪物理学家不够意思，拿咱们这些草根不当葱，因为现代物理学，包括核物理、相对论、量子物理、理论物理等都不是凭我们普通人的经验就可以去了解和认识的，还就非要用那些符号和公式来代表和解释不成。

现在可能有人要质问老多了，你看，像这些物理学家用复杂的符号和公式连起来的高深的理论肯定不是玩出来的了，那可是要经过很严密的思考、实验、计算和论证才可能搞出来的，怎么可能是玩呢？

是的，像量子力学的开创者——海森伯提出的不确定性原理，就是用一个很奇怪的公式来表达的：$\triangle x \triangle p \geqslant h/4\pi$。这几个古怪的符号肯定不太容易玩出来，而且这个定理是海森伯花了不少的时间和银子，通过非常严格的实验推导分析出来的。这些实验如果不是得到许多基金会或者大老板的支持，海森伯也不可能玩出这么一个奇怪的，却又是对量子力学至关重要的原理。

不过话又说回来了，任何一个科学的发现或者理论，都不是哪个伟大的科学家一夜之间拍了一下脑袋就想出来的，而是像前面说的那样，科学是从古希腊开始，像接力赛一样几千年来被一个个玩家一棒一棒传递下来，传到了这个伟大的科学家手里。另外这个过程不是一个简单的传递，这是一个扬弃的过程。所以，说到底他们还是在玩，是在继承和扬弃前辈玩家成果的基础上不断玩出新花样。

那是谁第一个对那些"精美而系统"的事情做探索的呢？前面说的亚里士多德就是最早的人之一。亚里士多德生活的时代没有物理学，也没有

大老板或者基金会，更没人命令亚里士多德去干这干那，亚里士多德是凭着自己的好奇心和兴趣在研究，所以他纯粹是在玩。有他这一玩，几千年以后人类才玩出了物理学，一直到海森伯拿着基金会的大把银子去玩不确定性原理。

在《简明不列颠百科全书》里，对物理还有一段解释："它在不同时代的特征取决于那个时代的概念系统，它的成果也有助于各个时代概念系统的形成。"

什么叫那个时代的概念系统呢？有些有学问的人就爱拿这些让人看不懂的词糊弄人。所谓那个时代的概念系统就是一个时代对一些事情的基本看法。比如，现在大家都知道很多电脑里装的是微软公司开发的 Windows 系统，没有它你的电脑就别想干活，不管你用的是山寨版还是正版的。还有，现在大多数人都相信，宇宙是在一次大爆炸以后形成的。而亚里士多德时代的概念系统可能是占星家和巫师对宇宙的解释。因此，不管这些概念系统是不是真理，反正在这个时代就这么说，亚里士多德不会知道我们现在的大爆炸理论，更不知道 Windows 为何物，而我们谁也不知道 30 年或者 300 年、3000 年以后电脑里会装啥系统，对宇宙的认识又将会是什么样子（或许那时候已经有星际移民了）。所以一个时代无论什么理论或者什么规矩都是受这个时代概念系统的制约和限制的，而物理学的成果又可以帮助这个概念系统的形成，就像盖茨玩出的 Windows 系统，又帮助我们大家都玩上了电脑一样。

那亚里士多德时代的概念系统会是怎样呢？基本是占星家、巫师，也就是神的概念系统，那时候的人相信神胜过相信自己的眼睛。亚里士多德是一个相信真理胜过一切的人，神创造世界的说法说服不了他，因为他更相信自己的眼睛。于是，他开始观察，他用自己的思考和逻辑推理去重新认识世界，尽管他要受到那个时代概念系统的限制。此外，更重要的是，亚里士多德有一个与那个时代完全不同的东西，那就是科学精神。这个科学精神让亚里士多德用更客观、更深入的观察去看待事物，而不是去乞求神灵的帮助。不过还是由于受到那个时代概念系统的束缚，他观察到并得出的结论，没有经过任何实验和计算作为验证，所以他的结论往往并不是真理。但是，亚里士多德看待事物的方法——科学精神，却成为后代发现真理最强悍的武器。

中世纪，亚里士多德的学说被尊为圣贤书，他对事物的结论成了颠扑不破的唯一真理，可他的科学精神被抛到了九霄云外。

又是谁再次把科学精神这面大旗重新举起，并且运用实验和数学的方法去认识事物的呢？

这个人就是伟大的，被称之为近代物理学之父的伽利略（Galileo Galilei，公元 1564 — 1642 年）。后来所有物理学家玩的实验科学都是从这个伽利略开始的。

1564 年 2 月 15 号，伽利略出生在意大利的比萨，那是一个美丽的城市。据说在伽利略出生之后 3 天，文艺复兴一位伟大的雕塑家米开朗琪罗逝世了。

伽利略的父亲只是比萨城里一个失意的音乐家，靠开一家小呢绒布店为生。不过伽利略的血液中却流淌着一个曾经显赫的贵族——伽利莱家族的血。伽利略的名字就是用那个贵族的姓氏伽利莱稍加改变而来的。伽利略·伽利莱是他的全名，这个名字显然是他的老爸希望伽利略能为这个曾经显赫的家族再次带来荣耀。

伽利略的家境虽然不是很好，但学费还能付得起，加上他爸爸希望自己这个孩子有一天能光宗耀祖，所以伽利略小时候还是受到了很好的教育。他爸爸为了伽利略，在他 11 岁的时候决定举家搬到佛罗伦萨，目的就是让伽利略可以在那里受到最好的教育，先上佛罗伦萨瓦朗布罗修道院学校（这个修道院学校应该相当于现在的中学），然后再上比萨大学去学医，继承伽利略曾祖父的事业。

伽利略也很争气，他聪明好学，在学校里成绩优秀，经常受到老师和同学们的赞扬。而且他也和父亲一样喜欢音乐，在很小的时候就表现出音乐的天赋。这些都让父亲十分高兴。可是伽利略也有很多让老爹气得要死的毛病，比如，他喜欢幻想，这小子幻想着像鸟一样在天上自由地飞翔，于是浑身绑上"翅膀"从阳台上跳下来，结果摔了个鼻青脸肿。此外他喜欢问一些让大人们都摸不着头脑的问题，还喜欢看星星，一句话，就是爱玩。

有一天晚上，他爸爸发现伽利略没影儿了，急得到处找，结果在院子的角落里看见缩成一团的伽利略。他爸爸问："你躲在这儿干什么？""我在观察天空。"他告诉爸爸他对月亮上的暗影觉得很好奇，可是他问老师那些暗影是什么，老师说那是上帝创造的，我们人用肉眼是不能分辨的。"可我还是不明白，老师却不让我问了，老师把一切都归结于万能的上帝。""你

问这些干什么？"父亲一听发火了，"你现在最重要的是学好功课，将来去比萨大学学医。你必须把这些胡思乱想扔得远远的！赶快回家去睡觉！"

伽利略倒还是听话，从修道院学校毕业以后就按照老爹的意愿来到比萨大学学医。在修道院学习的时候伽利略已经读过很多书，其中包括亚里士多德的《形而上学》《天象论·宇宙论》《物理学》啥的，尤其是《天象论·宇宙论》让伽利略兴趣十足，他觉得这本书里亚里士多德对宇宙万物的观察和思考简直太有趣、太好玩了。

上大学头一天，一个穿着黑袍子的教授开始讲课了："如果你们想获得知识，唯一的方法就是去精读伟大的先哲亚里士多德的著作，所有的真理都包含在亚里士多德的著作里。"

亚里士多德，这个名字伽利略太熟悉了，而且正是自己最崇拜的人，于是伽利略按照教授指定的目录，开始更加仔细地阅读亚里士多德的著作。

教授怎么会让伽利略去读亚里士多德的书呢？

自从公元 380 年，罗马帝国的皇帝把基督教尊为国教以后，前一章里说过的那位奥古斯丁创建的基督教神秘主义哲学——教父哲学的统治开始了，一直到 11 世纪，古希腊的哲学基本被剿灭，也不让玩了。不过有两个人为保留古希腊哲学一点点可怜的火种做出了很大的贡献。

第一个应该感谢的是个罗马贵族，他叫波伊提乌（Boethius，约公元 5 — 6 世纪）。历史学家认为他是最后一个了解希腊哲学的罗马人，他用拉丁文翻译了柏拉图和亚里士多德的著作纲要和注释。他根据希腊的著作撰写的算术、几何、音乐和天文领域的著作成为中世纪教会学校的教科书。他的这些书就像恐龙脚印一样，虽然真东西没了，但还是可以给后来的欧洲人保留了一点点希腊著作的痕迹。这个波伊提乌比较倒霉，有人怀疑他和东罗马帝国（那时候东、西罗马帝国之间势不两立，是死对头）有牵连，被关进监狱，而且在约 525 年被处死。可怜的波伊提乌在狱中写的一本书《哲学的慰藉》后来成为了连接中世纪和近代的桥梁。

波伊提乌死后就再也没人懂得古希腊的哲学了，这样又过去了六七百年。前面说过，从 11 世纪左右就有十字军把古希腊的著作带回欧洲，并且开始了一场大翻译运动，大量的古希腊著作从阿拉伯文翻译成欧洲人能看懂的拉丁文。在这样的背景下，另一位要感谢的托马斯·阿奎那（Thomas Aquinas，约公元 1225 — 1274 年）来了，他是 13 世纪的意大利人。阿奎那是一个教师兼修士，据说他是个又大又胖的大块头，有个发髻特高的大脑袋。不过他是个读书人，除了对神学很有研究以外，他还读过不少亚里士多德的著作。那个时代的神学是神圣不可侵犯的，也绝对不允许任何人对这个世界做任何解释。阿奎那读了亚里士多德的书以后，也许是觉得亚里士多德书里说的那些用观察得来的结果很有道理，也很喜欢。可他想，直接把亚里士多德的思想写出来可不成，那不就得罪伟大的神了，不能这样干，得掺和掺和才行。于是他写了一本书《神学大全》，他成功地把《圣经》里的神学和亚里士多德的思想给协调起来，哈！谁都不得罪。而且连他自己都意想不到的是，书一出来居然被教会接受、认可了，开心啊！于是从阿奎那的《神学大全》开始，亚里士多德的哲学和《圣经》一起成了颠扑不破的真理，世界上所有的真理也到此为止了。就像那位穿着黑袍子的比萨大学教授所说的："所有的真理都包含在亚里士多德的著作里。"不过阿奎那还有一个功劳，那就是他把理性思维引进了神学。他死后被教皇封为"天使博士"。

跑题了。不过跑题是为了告诉大伙儿为啥比萨大学的教授会让伽利略去看亚里士多德的书。

言归正传。伽利略很仔细地研读着亚里士多德的各种理论，不过渐渐地伽利略开始对自己的老前辈产生了疑问。亚里士多德说，人身体里有四种不同的液体：血液、黏液、胆汁和黑液。这四种液体如果比例适当，人就会健康快乐，如果不健康肯定是某种液体多了，就要把多余的液体放出来。可人身上究竟有多少液体，放多少才算合适，书里没有解释。伽利略觉得如果想治好病，必须更精确地了解人体里各种液体的情况。

于是上课的时候伽利略向教授提出了通过直接接触病人来了解病人真实情况的请求。可他的请求遭到教授一顿臭骂："什么？！从来也没一个学生提出过这样的问题。你是学生，学生的任务就是学习，就是把我教给你们的统统背诵下来！赶快丢掉你那些可怕的念头，否则你永远都不会成为一名医生！"教授每天都在滔滔不绝地讲授着人体各种器官的名称，至于这些器官是怎么工作的，因为亚里士多德没讲过，所以教授也不讲，其实就是不知道。

还有一次，伽利略对教授说："您讲的都很对，不过您讲的都是从亚里士多德那里得来的，万一亚里士多德也错了呢？"这下教授可快疯了："你竟敢怀疑伟大的先哲亚里士多德？怀疑伟大的先哲就等于怀疑伟大而又万能的上帝，你给我滚出教室！"

这个敢于冒犯权威的伽利略确实没有成为医生，他后来成为比萨大学和佛罗伦萨大学的数学教授，在给学生讲课之余他就是玩。

就是从这个胆大包天的伽利略开始，自然科学终于从神秘的哲学中解放出来，出现了近代物理学。正像英国科学史家丹皮尔在他的《A History of Science and its Relations with Philosophy and Religion》（《科学史及其与哲学和宗教的关系》）里说的那样："伽利略真可算是第一位近代人物，我们读他的著作，本能地感觉畅快。我们知道他已经达到了至今还在应用的物理学方法。"

因为伽利略发现了自古以来那些科学家最致命的一个弱点，即他们都在寻求世界的终极原因，或者叫最后因。啥叫最后因呢？简单地说就是小孩子

天天问爸爸的"为什么"。我们这个世界是客观存在，一定要追问为什么会存在，就很可能走向神秘主义，或者发现上帝的那只小手。伽利略敏锐地看到，我们问这个世界的问题不应该是"为什么会这样？"而应该是"怎么会这样？"

那如何才是"怎么了"，不是"为什么"呢？这就是玩家的"专利"了，玩家无论玩什么游戏，是不会计较游戏为什么是游戏，而是去琢磨怎么能玩好这个游戏。不但如此，在没有现成游戏时，也许还会去找一些乐子自己创造游戏玩。伽利略就是如此，比如发现摆的等时性就是伽利略自己找到的一个乐子。据说有一次，虔诚的伽利略去比萨教堂做礼拜，看见教堂顶上的大吊灯在晃动，他很好奇。他发现吊灯的摆动似乎有某种规律，可那时候还没

有秒表卖，咋办？这难不倒玩家，没有秒表就用自己的脉搏。于是他利用自己的脉搏去测量比萨教堂里的吊灯摆动的时间，就这样，他居然发现了摆的等时性规律。

此外，他通过比萨斜塔实验观察两个不同重量的球下落时的情形，从而发现了自由落体定律。他还通过观察一个球怎么滚出桌面的情形发现了抛物线运动规律，这个规律很快被运用在火炮的设计上。他还用自己制作的望远镜，发现了月亮不是一个水晶球、发现了太阳黑子、发现了木星的四颗卫星和它们可以度量的周期性，从而用看得见的事实和可以计算的数据证明了哥白尼没有错。运用数学的方法发现事物的规律，也是伽利略玩出来的。而这些玩法就是丹皮尔说的，现代物理学还在应用的物理学方法。

伽利略不像他的前辈那样，去研究广泛的问题，他只选择了几个自己喜欢玩的，并且深入钻研下去。而对于他没有玩过的，或者暂时还没找到答案的，"那就大声宣布那个聪明的、智巧的、谦逊的警句：我不知道！"

▶ 做了好事的人、帮助过我们的人或者恩人，都是值得称赞并且要感谢的。有那么几个人，他们也做出了非常值得大家感谢的伟大功绩，可他们是名副其实的强盗！

第九章

发现东方的强盗

哥白尼的日心说颠覆了1400年来大伙对宇宙的认识和理解。哥白尼从古希腊出发，把自己老师的学说踢了个底朝天，正如培根倡导的，不是过分崇拜权威，而是用批判的思维去看待权威，把权威的结论抛到九霄云外。但哥白尼仍然要感谢古希腊那些玩家，因为是他们通过自己的观察和富于理性思维的判断写出来的"破"书，让哥白尼对宇宙产生了强烈的兴趣。虽然他通过自己的观察发现前辈的结论错了，但他知道前辈判断事物的逻辑方法没有错。哥白尼正是沿着"老朽"们指出的道路在继续前进。在这个对权威和传统的继承与扬弃的过程里，哥白尼用他更加深邃的思考和逻辑以及严密的计算，找到了比前辈更符合客观规律的判断，找到了真理。

有一位学者这样评价到："人类自哥白尼恢复了对智力的信心，而不仅仅是眼睛。"日心说的出现使教会很气愤，却没有办法，因为这时已经不是几百年前大家都不敢言、不敢玩的时代了，从13世纪开始玩家就开始

不断涌现，谁也阻止不了他们，有些事情居然还得到了国王的支持。这是为什么呢？

十字军东征以及从东边杀过来的彪悍的蒙古骑兵，让大家突然发现，原来这个世界还很大。就像房龙说的："是战争而非和平拓展了我们对亚洲地图的知识。"好奇的欧洲人对东边那片广阔得多的

世界感到非常的好奇，那里到底是啥样子呢？

在这以前，东方的许多商品也已经由阿拉伯的买买提们带到了欧洲，那些穿着羊皮袄的欧洲人穿上了来自中国的丝绸衬衫，比起羊皮袄那叫一个漂亮！那叫一个舒服！可通向亚洲的商路那时候被阿拉伯人独占着，基本没欧洲人什么事儿。黄头发、蓝眼睛的欧洲人对亚洲一无所知，他们对那个神秘的东方帝国充满了幻想。

第一个描写东方那个神奇国度——中国的书是著名的《马可·波罗游记》，这是马可·波罗（Marco Polo，公元 1254—1324 年）在中国的见闻录。马可·波罗是 13 世纪至 14 世纪意大利威尼斯的一个著名旅行家。据说在 1271 年他曾经随着父亲和叔叔游历过东方的很多地方，包括那时的波斯湾地区、伊朗和伊拉克等。接着他们翻越帕米尔高原，穿过塔克拉玛干大沙漠，来到敦煌，又经河西走廊进入当时元朝的首都大都。他们在中国留居了 17 年，期间走遍了中国各地，在他们离开故乡 24 年以后的 1295 年回到威尼斯。马可·波罗一家子用现在的话说就是一帮超级驴友，他们玩得太地道了：漂过地中海，再闯波斯湾，翻越帕米尔高原，穿过塔克拉玛干大沙漠，过敦煌，走河西走廊，最后大摇大摆地走进大都！现在有几个驴友能玩出他们的水平？

不过马可·波罗刚回到家乡给大伙儿讲中国故事的时候，并没有引起人们的兴趣。房龙说："他的邻居们，对这个故事毫不感兴趣，并给他取了个绰号叫'马克百万'，因为他总是告诉他们可汗如何富有；庙宇中有多少金碧辉煌的雕像，以及某位宰相的小妾有多少丝质睡袍。而当时，甚至君士坦丁堡皇帝的妻子仅仅拥有一双丝袜都无人不知，邻居们如何会相信这些天方夜谭呢？"

《马可·波罗游记》的诞生也很传奇。据说是马可·波罗后来在参加威

尼斯一次海战中被热那亚人俘虏，关在热那亚的监狱里时，百无聊赖，把去中国的故事讲给同伴听。这些故事就是被一个狱友记录下来并写成的。马可·波罗在监狱里被关了一年，他的狱友里有一个来自比萨的市民，其名字叫鲁斯蒂卡罗。这位鲁斯蒂卡罗是个业余作家，他很快意识到马可·波罗故事的价值。于是他在牢房里掏尽了马可·波罗，记下了告知他的一切，然后送给了全世界一本书。

不过估计马可·波罗比较能忽悠，太会编故事，把自己的见闻添油加醋，所以直到现在还有很多人不相信马可·波罗真的来过中国。他的故事很可能是他在伊朗或者伊拉克听到过的关于中国的事情，因为那些地方他倒是有可能真的去过。为啥有人非说他是编故事，而不是真的到过中国呢？那是因为《马可·波罗游记》里有些事情不是查无实据就是不靠谱。比如，他说自己被元朝皇帝忽必烈遣为特使，在扬州做官三年。可这些事情在元朝的记载中从来没人提过。还有他从来没有提过一句用筷子的事情，显然不靠谱。总之疑点不少，和现在还有很多人不相信美国航空航天局的阿波罗飞船真的登上了月球一样。

不过无论如何他的书里还是说了很多当时中国的真实情况，比如大运河、纸币、煤炭、白酒还有蒙古军队、老虎啥的。日本也是他第一个提到过的东方国家。有人说冰激凌、比萨饼、意大利面还有眼镜、口琴也都是他从中国带回去的。那就真的是胡扯了，因为后来资料和考古证明这些在他之前欧洲就已经有了。

马可·波罗的故事出了名，大家纷纷传抄《马可·波罗游记》，不久他的故事就传遍了当时的欧洲。不管是不是他编的故事，《马可·波罗游记》当时确实让欧洲人眼珠子一亮，那些长着各种颜色眼珠子的欧洲人终于明白了，原来在东方还有一个如此强盛的大国——中国！

100 多年以后，在曾经关过马可·波罗的热那亚，又一个玩家出生了，这个人就是日后发现美洲大陆的那个著名探险家、贪婪的寻宝者、海盗、小混混克里斯托弗·哥伦布（Christopher Columbus，公元 1451 — 1506 年）。

哥伦布出生在 1451 年，他爸爸是当地一个很有名的纺织匠，但哥伦布对纺织一点兴趣都没有，这个没受过多少正规教育的小混混就喜欢玩水。面对着浩渺的地中海，他对航行在大海上的各种船只简直羡慕极了，一心想当个水手。再加上他读了《马可·波罗游记》，那上面说的确实非常忽悠人，书上说中国是一个极为富有的国度，连死人的嘴里都含着一颗大珍珠，简直就是人间天堂。另外，距离中国不太远的地方还有个叫日本的地方，那是一个黄金之国，遍地是黄金，取之不尽。有用黄金盖的宫殿，里面的路都是用砖头那么厚的黄金铺的。哥伦布被忽悠得已经彻底晕了，他对那个到处是金银珠宝的东方充满了幻想。怀揣着梦想，哥伦布开始闯世界，他参加了一个海盗船队，到处抢劫。有一次他们的海盗船被人家打得着了火，这小子跳下水，

抱着一根木头居然漂到了葡萄牙，那年他25岁。

那时候的葡萄牙是一个真正的海洋霸主，这个濒临大西洋、地处欧洲大陆西南角伊比利亚半岛最西端的国家，有800多千米的海岸线。自古以来喜欢玩水、玩航海的人肯定出了不少，所以葡萄牙人具有很丰富的航海知识。15世纪葡萄牙的航海家沿非洲西岸向南航行，到达了非洲最南端的好望角。哥伦布在葡萄牙学到了许多宝贵的航海和地理知识。

哥伦布不但很勇敢，他还非常贪婪，而且喜欢玩的人总是想象力丰富，哥伦布也不例外。他每天夜里都在做着贪婪的美梦，他想象着自己来到了那片神奇的土地上，兜里装满了金子……太诱人了，要是真的能去那儿该有多好啊！可是那时候从陆路去亚洲的路线都被阿拉伯的穆斯林占着，过不去。有没有一条新的路能到达亚洲呢？

哥伦布的时代人们对地球到底是个啥样子还不清楚，不过那时候已经有很多人开始相信地球是个球体了，这种说法称为地圆说。但是地圆说毕竟还是猜想，没有得到证实。有一位叫托斯堪内里的意大利医生，根据当时对世界的了解画了一张世界地图，地图上包括欧洲、亚洲、非洲，还有地中海和大西洋，托斯堪内里按照地圆说的说法把这些都画在一个球上。不过他把地球的尺寸看得太小了，他认为从欧洲跨越大西洋到亚洲，只要 3000 英里。

哥伦布对地圆说也深信不疑，他曾经是个海盗，经常在海上漂荡。站在岸边看，驶出港口的船只，帆船桅杆都是慢慢地隐没在海平面上，而驶进港口的帆船则是桅杆先露出来。这个现象哥伦布很清楚——这不是正好说明地球是圆的吗？

那时候葡萄牙人认为绕过非洲就可以到达亚洲，只是还没有实现这个愿望罢了。正好哥伦布见到了托斯堪内里，并且看见了他画的地图，发现横穿大西洋只要 3000 英里就可以到达亚洲，比绕非洲要近多了，心想这肯定是最短的路线，为此哥伦布兴奋不已。

黄金梦和托斯堪内里的地图每天都在哥伦布的脑子里转悠，一个不算深思熟虑也算是精心策划的探险计划慢慢在哥伦布的脑子里形成，他要驾驶帆船向西航行，最后到达亚洲，到达中国、日本还有印度，横跨大西洋去寻找他梦寐以求的黄金！

说干就干，这么远的路，靠哥伦布自己肯定是不行的。于是哥伦布怀揣着自己伟大的探险计划开始到处游说，想找人资助他。为这事，他几乎跑遍了欧洲各个国家，据说他向葡萄牙、西班牙、法国和英国的国王或女皇都提出过要求，可人家根本不搭理他这个小混混。因为那时候除了这些玩家以外，还没多少人真的相信地球是圆的。有一个人更绝，他问哥伦布：如果地球是圆的，你往西航行开始是下坡，走了一段以后就要上坡，你的船行吗？哥伦布给问住了。不过这个他自己当时也回答不了的问题，并没有改变哥伦布要实现自己计划的决心。估计后来哥伦布也琢磨过味儿了：按那个白痴说的，进港的帆船不就是在爬坡吗？他们能爬我为啥不行？哥伦布对自己的想法越来越充满信心，他继续到处游说。

俗话说，时势造英雄，哥伦布运气不错，他赶上了一个恰当的时代——欧洲人正在扩张的时代。

现在被拉着满世界跑的商品是石油或者电子产品。那时候不是，那时候香料是一种在欧洲最受欢迎的商品，可能是因为欧洲人喜欢抹香水，吃饭爱放点胡椒面啥的作料，所以香料的需求极大。可是香料一般产在比较热的地方，欧洲成天冷飕飕的不出这些玩意，他们必须从亚洲或者非洲进口。非洲让葡萄牙人占着，亚洲被阿拉伯人占着。西班牙人觉得这样不行，他们也想拿胡椒面赚点银子花，于是就琢磨起去亚洲的事情。开始他们不相信哥伦布，可后来一想，哥伦布既然说他能横穿大西洋去亚洲，不如让这小子去试试，闹不好真的让他蒙对了，不也是件好事吗？尤其是西班牙皇后伊丽贝拉，她更是相信哥伦布能给她带回香水和黄金。就这样，哥伦布终于开始了自己的圆梦之旅。

1492 年，由三条帆船组成的舰队，在旗舰圣玛丽亚号的带领下驶出了西班牙一个小小的港口。哥伦布被授予"海军上将"军衔，并被预封为"新发现土地"的世袭总督，有权享有新土地总收入的 1/10①。8 月 3 号，人类发现新大陆的处女航起航了，这完全可以说是哥伦布一手玩出来的。

这趟探险之旅可没当初想象的那么简单，大西洋没有那么小，不是 3000 英里，起码也要远上一倍。就在船员们马上就要断水断粮、几乎彻底失去希望的时候，一个站在桅杆顶上瞭望的水手大喊："嘿！弟兄们，前面出现陆地了！"

出发以后两个多月的 10 月 12 日，这次著名的探险之旅终于有了结果，舰队发现了一个小岛。哥伦布欣喜若狂，他认为自己真的到达了亚洲，并且命名这个岛屿是"圣萨尔瓦多"，西班牙语的意思是"救世主"。他认为这个岛属于印度，并且把那里的居民叫做"印第安人"。哥伦布到死也不知道，他发现的小岛根本不是亚洲，而是那时候从未发现过的新大陆——美洲，这里距离亚洲还有两万多千米。

西进的愿望实现了，可是寻找黄金的梦一直没有实现，在那以后哥伦布一共进行了 4 次探险，每次都是无功而返，最后哥伦布在郁闷和贫困中死去。

如果哥伦布只是一个探险家，或者说是一个玩家，他可能会得到人们更多的尊重。可是他太贪婪了，他探险的目的是要实现自己的黄金之梦，所以除了为后代留下发现美洲的功绩（这事儿他自己并不知道）以外，哥伦布再也没有做过什么值得人类骄傲的事情了。

几乎在同一时间，葡萄牙人也在极力地寻找着通往东方的路线，他们认为绕过非洲的路线是最正确的。1497 年 7 月 8 日，葡萄牙玩航海的一个家

---

①龚绍方等.世界通史·古代史卷［M］.河南：河南大学出版社，2000.

大西洋

圣萨尔瓦多岛

贪 玩 的 人 类
写 给 孩 子 的 科 学 史

伙达·伽马奉国王之命，从里斯本出发，开始了环绕非洲的旅行。这次他成功地绕过好望角，来到了非洲东海岸的印度洋。这里距离印度已经不远了。

达·伽马和哥伦布有很多相同的地方，他也是个贪婪的人，在非洲东岸，达·伽马的船队为了夺取航线，采取了烧杀抢掠的政策，把本来在那里自由自在航行的阿拉伯人全部杀死，货物全部抢走。这个人虽然是发现欧洲到印度航线的第一人，但由于他的贪婪和残暴，也没有得到什么好的下场，他在被任命为葡属印度总督以后没几个月就染病死在了印度。

和哥白尼发现地球在动而引发了科学革命不同，哥伦布和达·伽马发现新大陆和新航线引发的是人类历史上不那么光彩的一段——殖民主义。从他们开始，欧洲列强瓜分世界的时代来到了。紧跟着葡萄牙和西班牙开始的地理大发现，让荷兰人、英国人、法国人也加入了瓜分世界的行列，他们在全世界建立殖民地，进行罪恶的黑奴贩运，抢掠各个殖民地的资源，等等。那时候欧洲贵族们吃的面包，可能是来自非洲的黑奴在厨房里用埃及的小麦、澳洲的奶油和古巴的糖做成的。欧洲的贵族在享用着全世界的好东西。

在这些欧洲海盗横行世界以前大约几十年，另外一个航海者却在执行着另外的使命。虽然他没有发现什么新大陆，也没有开辟什么新的航线，但他的船队航行的总里程不比哥伦布少。这个人就是郑和（公元1371—1433年），他是中国人的骄傲。现在有学者甚至认为，第一个登上美洲大陆的人也许并非哥伦布，而是郑和。

为啥会这样说呢？郑和的舰队虽然比哥伦布早了几十年，可他的船比哥伦布的猛多了，郑和的宝船比哥伦布的旗舰圣玛丽亚号大了好几十倍，圣玛丽亚号估计比郑和舰队里最小的船还小。而且郑和的舰队有200多艘舰船，哥伦布才3条三桅帆船。郑和的舰队有2万多正规军，哥伦布才100多杂牌军。从1405年7月11日郑和率领庞大的舰队第一次离开南京到1433年，郑和

一共 7 次远航。如此规模的舰队如果调转船头向东航行，跨越太平洋到达美洲是完全可以的。所以英国学者李约瑟这样评价："同时代的任何欧洲国家，以致所有欧洲国家联合起来，都无法与明代海军匹敌。"和欧洲海军还有个不一样的地方，那就是欧洲海军是一帮子强盗，而明朝海军没有侵略别国的企图，郑和的使命似乎是为明朝皇帝寻找长生不老药。

不过就像中国人经常挂在嘴边上说的那样，这事儿还得两说着。郑和 7 次下西洋以后，告老还乡，临终前给当时的皇帝，明成祖的儿子仁宗写了一封信。信上说：中国的富强来自海上，中国的威胁也会来自海上。遗憾的是，他的话皇帝老子听不进去。几百年以后，郑和的预言应验了，中国没有从海上得到多少好处，而外国列强却真的从海上打进了中国。

欧洲人发现新大陆，紧接着虽然是罪恶的殖民时代的到来，但是新大陆的发现为了解我们脚下的世界提供了更加丰富的知识。在哥伦布第一次远航的 11 年以后，另一个探险家麦哲伦（Ferdinand Magellan，公元1480 — 1521 年）率领的舰队成功地进行了环绕地球的旅行，地球是一个大球体终于被事实证明，而探险家们这些发现为后来更多玩家的发现之旅打下了坚实的基础。

▶ 这本书基本上都在说玩科学的人，唯独这一章说的不是，而是一些玩艺术的。为啥掺和这些人呢？因为他们是文艺复兴的领头人，是创新者，是他们的思想让后来的玩家发现只有创新才可以玩得更有意思，更有趣。

第十章

**意大利的
大玩家**

十字军杀进耶路撒冷，一不小心从阿拉伯弄回来一堆古希腊的"破"书。另外，像陕西发现兵马俑那样，一个罗马农民刨地的时候，一不小心从石头堆里刨出一堆精美绝伦的大理石雕像。这些都让当时的西欧人惊讶地看到，原来咱们这地界儿还曾经有过如此美妙的过去和如此辉煌的历史！我们咋都不知道呢？

打个不恰当的比方，基督教就像大学女生宿舍门口严厉的楼妈，在几百年的时间里把那些可怜的女孩子看得严严的。如今窗外不断传来清新而又美妙的歌声，孩子们再也抑制不住心头的激动，不能再忍耐！赶快玩去吧！

一个新的时代就这样到来了，很多人习惯上把这个时代叫做文艺复兴。不过恩格斯却这样说道："这个时代，我们德国人由于当时我们所遭遇的民族不幸而称之为宗教改革。法国人称之为文艺复兴，而意大利人则称之为五百年代，但这些名称没有一个能把这个时代充分地表达出来……"

这个时代的来临并没有上面说得那么轻松，原因是很复杂的。很多人还把这个时代称为一场革命运动。不过这场革命运动不属于奴隶起义那样的革命运动，这场革命产生在有钱人、贵族、学者、艺术家甚至宗教的僧侣中。

整个中世纪几乎都是基督教的天下，什么都得听罗马教皇的，世俗的皇帝或者国王都拿他没办法，有苦难言。教皇有钱，有军队，有警察，有法官，可以收租子，在欧洲各地都派有大主教，罗马教皇成了最大的君主。

北京大学科学史家吴国盛教授在他的《科学的历程》里这样说道："基督教会本来只是一般的宗教集会，后来才演化为一个权势显赫的组织。在整个漫长的中世纪，罗马教会不断扩充自己的领地、增加自己的财富、扩大自己的政治影响。直到公元 11 世纪，罗马教廷成了西欧至高无上的权力中心。"

1517年在德国，一个叫马丁·路德（Martin Luther，公元1483—1546年）的修士在一所教堂的门口贴了一张大字报——九十五条论纲，掀起了著名的宗教改革旋风。一个新的基督教教派隆重登场，这个教派外国叫新教，咱们中国叫基督教，而原来的基督教咱们中国就叫做天主教。

这件事据说是因为教廷派发的所谓"赎罪券"而引起的。啥叫赎罪券呢？赎罪券是教廷发明的一种用一定的现金就可以购买到的羊皮纸。赎罪券是干啥用的呢？买了赎罪券就可以缩短一个人应该在炼狱里赎罪的时间。不过这只是堂而皇之的理由，背地里，傻子都知道用赎罪券可以轻松地赚钱。当时教廷派发赎罪券是为了修圣彼得大教堂，因为修教堂缺银子。可是在德国出售赎罪券的是两个贪婪

的家伙——约翰兄弟，他们为了给自己敛财，不顾一切地强买强卖，激怒了当地虔诚的信徒。马丁·路德本来是个非常本分的人，可这样的事情让这个本分虔诚的教士也愤怒了。在1517年10月30日那天他把一张写好的大字报，即九十五条论纲贴在了萨克森宫廷教堂的大门上，对销售赎罪券的事进行了猛烈的抨击。

其实老实的路德根本不想煽动什么事情，更不想当啥革命的领导，可是尽管他本人不是很情愿，但他成了一大群对罗马教会心怀不满的基督徒的领袖。不仅如此，各种派别开始厮杀，欧洲突然间成了战场。所以恩格斯不把这个时代叫做文艺复兴，而叫做"我们所遭遇的民族不幸而称之为宗教改革"的时代。被法国人称为文艺复兴的事情，其实发生在意大利，可为啥恩格斯说意大利人把这个时代叫做"五百年代"呢？

意大利是欧洲天主教的中心，教皇堂皇的宫殿就建在罗马城的梵蒂冈，教皇一高兴站在阳台上说句话，罗马城里都能听见。意大利应该是被教皇管得最严的地方。可就在这个被宗教的"楼妈"管得最严的大本营，却出现了好几个淘气的"女学生"，他们就是意大利"五百年代"，也就是文艺复兴时期最伟大的玩家。

房龙说："文艺复兴并不是一次政治或宗教的运动。归根结底，它是一种心灵的状态。"

意大利文艺复兴第一个弄潮儿就是那位被称为"中世纪最后一位诗人，同时又是新时代最初一位诗人"的但丁（Dante Alighieri，公元1265 — 1321 年）。但丁和咱们中国的屈原、李白、白居易一样是个诗人，只是比他们都年轻多了。中国诗人的诗有很长的，比如屈原的《离骚》、白居易的《长恨歌》，不过再长也比不过这位但丁。屈原的《离骚》如果按句分，不超过400句，按行不超过200行，可但丁写的《神曲》有1万多行，句就没法算了，可见但丁是个善于写长诗的诗人。

但丁是意大利佛罗伦萨人，出生在 1265 年，双子座，也就是 5 月上旬到 6 月下旬出生的。他爸爸据说是一个没落的贵族。

年轻时的但丁是一个热血青年，那时他玩的是当时佛罗伦萨新兴资产阶级、封建贵族和罗马教皇之间你死我活的政治游戏。在资产阶级暂时获得胜利以后他还被选为佛罗伦萨的执政官。可那时资产阶级还很弱小，但丁参加的白党最终还是遭到教皇的镇压，但丁也因此被判终身流放，而且从此再也没有回到佛罗伦萨，56 岁客死他乡。

写诗是在他被流放以后的事情。在被放逐的 20 年里但丁写出了大量的著作，其中包括著名的《神曲》。这和咱们楚国的屈原有点相似，都是在被放逐以后成了诗人。屈原被逐乃作《离骚》，但丁被流放便著《神曲》。

历史学家认为文艺复兴其实是当时新兴资产阶级的崛起。啥叫资产阶级呢？资产阶级就是一帮做生意或者开作坊、开工厂赚了钱的人，他们在发财以前可能还是穷光蛋，他们是凭着自己的智慧和努力赚到了钱，成了有钱人。基督教不反对人做生意、开作坊，但基督教不赞成奸商造假货、玩山寨版。《圣经·利未记》中说："不可偷窃，不可欺骗，也不可对同胞弄虚作假。不可奉我的名发假誓，亵渎你上帝的名（就是不许搞山寨版——作者注）。我是耶和华。不可欺诈人，不可抢劫，也不可把雇工的工钱扣留到第二天早晨。"耶和华管教得很具体，除此以外还有许多清规戒律是必须遵守的，而且有些规矩可能并不是《圣经》上说的，而是教皇继承和发展出来的。

开始那些商人还可以忍受教皇规定的各种规矩，但随着他们的生意越做越大，就需要有一个更加广阔、更加自由的空间去发展，这时那些清规戒律就显得碍手碍脚了。怎么办呢？资产阶级开始造反，他们要自由，要民主，不能啥事都教皇说了算。但丁的《神曲》就代表了当时那些资产阶级的利益。

《神曲》虽然是个神话故事，但他处处贬低神权，把至高无上的教皇和教会里的显赫人物都打入黑暗的地狱。

但丁的《神曲》就像星星之火，在他之后意大利的佛罗伦萨又相继出现了许多大玩家。而且从这个时代开始，玩家们学会了不那么相信教廷的权威，不去迷信《圣经》里的一切。古希腊辉煌的历史成为这些玩家的财富，但玩家们并不满足于站在古希腊人的肩膀上跳舞，而是运用那些古代的财富去创作新的主题和作品。

"他们不再一心一意地盼望天国，把所有的思想和精力都集中在等待他们的永生之上。他们开始尝试，就在这个世界上建立起自己的天堂。"房龙这样评价道。这其中有一位玩得最地道、最出彩的，他就是如雷贯耳的达·芬奇（Leonarto da Vinci，公元 1452 — 1519 年）。大家一定会问，达·芬奇不就是那个画了一幅号称神秘微笑的《蒙娜丽莎》的画家吗？为啥也说他是个玩家呢？

这里说的玩家肯定是要玩出名堂、玩出点新花样的，达·芬奇就是其中一个。就拿他的《蒙娜丽莎》来说，那可是开创了写实风格的一幅天才巨作。在中世纪，也有很多画家，他们也成天在画画，而且画得也很好。可是有一点他们不如达·芬奇，那就是中世纪的画基本都是描绘基督教那点事的，里面的人物也好，景色也好，不是出自神话就是来自《圣经》，画的都是神。既然是神，那么他们和我们这些吃五谷杂粮的世俗子弟肯定是不一样的，可怎么不一样呢？神长啥样子呢？啊！神一定和人长得一样，就像为拯救人类来到人间的耶稣基督。但神的神情一定是神圣的、严肃的，就连他们的笑也是天堂里的笑。于是在中世纪的画里，所有的人物都是一个表情，看上去很神圣，可呆若木鸡，缺乏生气。因为他们画的是神，所以画家对真实的人并不十分关心，只要是人的样子，至于人身体的比例，肌肉和骨骼啥就不必去研究了。

可达·芬奇不想这么玩了，他不想画那些没有血肉的神圣躯体。于是他开始研究活人人体的各种比例关系，还动刀子给尸体做解剖，就是为了想知道人的肌肉和骨骼之间到底是啥关系。他用自己的观察，对人体有了切实的了解。于是，达·芬奇画出了栩栩如生的人物形象——《蒙娜丽莎》，她的微笑也不再是来自天国的，而是来自我们活生生的人。这就是写实的风格，神秘的微笑也就神秘在这里。

另外，达·芬奇从自己对人体的了解发现，人体的比例才是世间最完美无瑕的，是任何物体甚至神灵都不能相比的。达·芬奇还有一幅著名的画《维特鲁威人》，就是表现了这个主题。在第五章里曾经写过维特鲁威，他是古罗马时代一位伟大的建筑学家，在他的著作《建筑十书》里提出，所有美的建筑都是依照最完美的比例——人体的比例。而达·芬奇这幅《维特鲁威人》就是对维特鲁威这个说法的完美诠释和描绘。这幅画其实是一幅非常简单的素描，就是在一个代表秩序的正方形和圆形之中放入了一个人体。可就是这样一幅画，把人体完美无瑕的比例表现得淋漓尽致，以致这幅画给后人带去了极其深远的影响。

达·芬奇不仅仅是一位天才的画家，他还是雕塑家、发明家、哲学家、音乐家、医学家、生物学家、地理学家和建筑、军事工程师。他是个温文尔雅的绅士、素食主义者、左撇子，他喜欢倒着写字（镜像），不睡觉光打盹（也叫达·芬奇睡眠）；他还是个私生子，一生未婚；达·芬奇还爱玩——就是这么一个普通的、天才的达·芬奇，在那个还被教会严密控制着的意大利，玩成一个时代的开路先锋。

在达·芬奇23岁的时候，也就是1475年，佛罗伦萨有个小孩出生了，他就是后来享誉世界的大雕塑家米开朗琪罗。达·芬奇的爸爸虽然也是个有地位的人，可妈妈只是他爸爸的情人，没有"明媒正娶"，所以达·芬奇在自己的身世上没有啥值得骄傲的。米开朗琪罗就不一样了，他爸爸是个没落贵族，尽管没落但也曾是名门，所以在米开朗琪罗的身上总可以看到要为自己的家族光宗耀祖的感觉。

现在我们认识的意大利其实是19世纪以后才开始出现的一个统一国家，在这之前意大利是一个非常不平静的地方。从世界地图上看，这只伸进地中海的"靴子"在很长的时间里是由一堆乱七八糟的城邦、共和国和帝国组成的。但丁的时代就是由于佛罗伦萨在经济上发展很快，新兴的资产阶级要造反，神圣罗马帝国（就是教皇统治的国家）不干了，于是把但丁轰出了佛罗伦萨。这也许就是恩格斯说意大利人把这个时代叫做"五百年代"，而不叫文艺复兴的原因吧。

米开朗琪罗就是生活在佛罗伦萨最纷乱的时代，国家一会儿资产阶级占上风，一会儿又被神圣罗马帝国打垮，一会儿又被法国人占领，最后又回到佛罗伦萨人手中。他还经历了宗教改革时代，受到新教的影响，搞得他一生都在新教和天主教之间瞎折腾。不过好在他从小学会了玩石头，他用自己灵巧的双手把一块块粗糙的大理石雕刻成栩栩如生的雕像。如果把手放在米开朗琪罗雕刻的石雕上，你似乎能感觉到那大理石下面流动着血液，米开朗琪罗就是这样一个神奇的雕塑家、玩家。

米开朗琪罗没有达·芬奇玩的那么广泛，又是艺术又是科学又是工程学

的。米开朗琪罗光玩艺术，他是雕塑家、画家、建筑设计师和诗人。米开朗琪罗著名的雕塑作品《大卫》《哀悼基督》《摩西》《被缚的奴隶》都是旷世巨作，几百年过去了，这些作品仍然让后世的雕塑家感到无比的羞愧。

为罗马西斯廷教堂画的恢弘壁画《最后的审判》和《创世纪》其实并不是米开朗琪罗的强项，包括让他带着一帮工匠去修圣彼得教堂都是教皇逼着他干的。不过玩家就是有这样的本事，虽然不是强项，可他心有灵犀，啥事儿也难不倒这个伟大的玩家米开朗琪罗。

意大利文艺复兴时期的玩家们无论玩的什么花样，都应该说是把前辈（也就是古希腊和古罗马的玩家）的花样玩上了一个全新的境界。现在我们把这种玩法叫创新，几百年前的文艺复兴其实就是一次最彻底、最大胆的创新。权威和传统是创新的基础，而打破传统、超越权威就是创新。一个全新的时代在这些勇敢的玩家的脚下到来了。从此神的时代结束，普通人成了世界的主角。

佛罗伦萨的另一位伟大画家拉斐尔（Raffaello Sanzio，公元1483—1520年）的名画《雅典学园》，可以说就是对他们所崇敬的、并且用创新精神继承的那个时代最美妙的回顾。

▶　双簧管也能看星星吗？当然不能。这里说的其实是：好奇是玩家的天赋，好奇会让玩家兴奋，会让玩家充满激情，还会让玩家玩出惊天动地的大事。天王星这颗 30 多亿千米以外的小星星，是望远镜发明以后被玩家发现的第一颗行星，发现这颗蓝色小星球（其实这个星球的体积是地球的 60 多倍）的人，就是一个曾经吹双簧管的军乐队乐手。

第十一章

从双簧管到望远镜

　　看星星（显得有学问点叫天文观测）似乎总是玩家最喜欢的节目，估计从有狗的时候开始，就已经有人傻傻地站在夜空下，好奇地看着那闪烁着无数星星的苍穹。他也许在问："这些星星到底是咋回事呢？"第一个提出这个问题的人是谁，没人知道，但是这个问题直到现在还没有完全解释清楚，所以傻傻地站在夜空下看星星的人还有很多。现在看星星对于城里人已经是一件十分奢侈的事情，夜里城市的灯光把星星都淹没了（有学问的人说这叫光害）。可是，只要发生比较特别的天象，比如日全食、月食或者流星雨，肯定还会看见一帮扛着各种器材的发烧友，无论开车还是坐着火车，纷纷出现在远离城市的郊外空地上。

　　古代看星星的发烧友们为我们留下了许多宝贵的资料，如咱们中国在殷商时期就有哈雷彗星的记载。在整个中国历史上关于超新星爆炸的记载起码有 90 次，还有日食、月食、太阳黑子和流星雨，数都数不过来。这些都为我们后代研究宇宙演化的历史提供了非常珍贵的资料。

　　不过古时候的人看星星和现在的发烧友是不是都一样呢？不都是玩吗？

贪 玩 的 人 类
写 给 孩 子 的 科 学 史

现在，某发烧友看到流星时会大喊："嘿，快看，一颗火流星！"或者"哦，麦高地！那颗不就是鹿林彗星吗！"古时候也许不是这样。如果那时有人看见一颗火流星可能会这样说："唉，我说坏坏，不知谁家又死人了，天上一颗星，地上一口丁啊！"要是看见一颗彗星就会说："嘿，坏坏，咱们得赶快回家，把好东西收起来，看见那颗扫帚星了吗？准没好事！"

怎么会有如此截然不同的反应呢？是时间上的不同造成的吗？不完全是。现在我们大多数人知道星星是和太阳一样的恒星，或者是和地球差不多的行星，而且回到20世纪、19世纪或者18世纪、17世纪，人们也都会这样认为。可古时候的人不一样，那时候连恒星、行星这两名词还没"出生"呢，即使这两词儿已经出现，他们也不会相信那些星星和太阳、地球一样是飘在太空里的球体。古时候的人比我们玩得可随意多了。此话怎讲？

中国的古人玩得特有想象力，他们把璀璨的夜空想象成一个巨大的王国，把星星分成三垣四象二十八星宿。玉皇大帝的宫殿，也就是皇宫稳坐紫微垣，太微垣属于参议院和众议院、天市垣则是咱老百姓做买卖的地方。青龙、白虎、朱雀、玄武四象二十八星宿就像众神围绕在大家的周围。辰星（水星）、太白（金星）、荧惑（火星）、岁星（木星）还有填星或者叫镇星（土星）五颗星穿行在天际。多么美妙的图景！

古希腊人的想象力也挺丰富，他们把天上的星星都组织起来，变成一个个星座，而且各有一段美妙的故事，故事里的天神不是互相爱慕就是互相打起来，充满着爱恨情仇，离奇而又玄妙。而前面说的五颗星，他们叫漫游者，现在叫行星。到了托勒密的时代就更邪乎了，他说整个天空就是一个巨大的水晶球，我们的地球在水晶球的中间，所有的星星一层一层地都围着地球转动。因为月亮最近，所以月亮天在地球上面，接着是太阳天、水星天、金星天、火星天、木星天、土星天（排列可能不是很正确），然后是恒星天和水晶天，

上帝就住在水晶天里，并且用他那只无形的手操纵着整个天空周而复始地不断转动。各个天留下的痕迹被看做神的旨意，对这些可千万不能熟视无睹，不然灾祸就要降临。

从上文可以看出，中国人比较关心恒星，所以在历史上关于恒星的记载很多，比如，超新星爆炸、太阳黑子、流星等。古希腊人更喜欢观察和研究行星，所以古希腊对五颗行星运行的规律在很早以前就有很准确的计算，对它们的运行轨道及其变化也知道得很清楚。

古时候的人看星星除了玩，还有一个重要目的就是占卜。在古人看来，占卜可是一件很严肃的事情，为了这占卜的事儿好多人每天都在仔细地观察着星星，哪怕是一点点的微小变化都要引起关注。尤其是希腊人，他们把这些变化记录下来，逐渐发现了一些规律，正是这些规律的发现为现代天文学的出现提供了很好的资料。不过，无论如何，古时候的人都认为天空是被上帝那只无形的手操纵着的，中国虽然不信上帝，但本质还是差不多，天上的事情是人不能过问，更不能管的。

那是什么时候才把上帝那只无形的手从天上挪开的呢？前面说的哥白

尼虽然为后代留下了非常具有创新精神的理论——日心说，并成为近代天文学的起点。可哥白尼也没有去挪上帝那只手，他只是想用自己的计算修正以前很不符合上帝完美哲学的错误。这件事一直到那个"天空立法者"开普勒都没有啥变化。在他发现行星椭圆形运行轨道时，开普勒还在编辑当时很流行的占星历书。他对哥白尼描述的天空充满了敬意，他说："我从灵魂的最深处证明它是真实的，我以难于相信的欢乐心情去欣赏它的美。"他看到的还是上帝制造的美，而不是别的。

真正让上帝那只无形的小手儿挪开的是伽利略。当他第一次用自己造的望远镜对准月亮，发现他在儿童时代就怀疑的那个水晶球上布满了和地球表面一样的山峦和沟壑的时候，他明白了：并没有上帝那只无形的手。从伽利略开始，发烧友们开始朝着没有上帝小手儿的方向玩下去了。虽然占卜一直到现在也没完全消失，但大多数发烧友了解和认识的宇宙和古代完全不一样了。

大伙儿现在能对星星有比较靠谱的认识要感谢哥白尼这个敢于违抗上帝意志的大玩家。但是，我们也不能忘了有几位对上帝绝对顺从，却又不经意间帮了哥白尼的玩家，是他们对星星坚持不懈的观察，让哥白尼的学说有了更可靠的证据。这些人中最著名的应该是第谷（Tycho Brahe，公元1546—1601年）。

天文发烧友基本都知道这个人，不过没玩过天文的人可能对这个名字比较生疏，而且还会觉得这个名字很怪异。第谷是丹麦人，他的英文名字叫Tycho，不知是哪位先哲给翻译成第谷，确实有点怪异。第谷用了20年左右的时间观察星空，发现了许多神奇的现象，如超新星爆炸和彗星，他的观察完全否定了亚里士多德的一些错误判断，比如，天是永远不变，彗星是"地球干热嘘气之上升者，有时集成为一火烈气团"，也就是彗星是地球大气里的一团火，等等。可是第谷完全不赞成哥白尼的日心说理论，尽管他已经发

现其他行星都是围着太阳转的。为了满足《圣经》颠扑不破的"真理"，他玩出了一个第谷系统。在这个系统里，水星、金星、火星、木星和土星几个行星围着太阳转，太阳公公则带着这几个小兄弟围着地球转，地球还是老大。

16世纪，当欧洲的传教士来到中国的时候，哥白尼的学说已经在欧洲广为传播，"不过，天主教教士终究不能脱离教会内部的约束，教廷狃于教义，不能接受伽利略的地球绕日理论，在华耶稣会会士也就不敢（或不愿）引用伽利略与哥白尼的学说，只能介绍折中托勒密地心体系与哥白尼日心体系的第谷之说，仍以地球为中心……"[1]这里说的"折中"就是前面说的第谷系统。那时的传教士连哥白尼、伽利略都不让中国人知道，太不够意思了。

还有前面说到过的开普勒也是我们要感谢的人之一。他当过几天第谷的

---

[1]许倬云.万古江河：中国历史文化的转折与开展［M］.上海：上海文艺出版社，2006.

助手，第谷去世前把他观测到的大量资料留给了开普勒，希望他继续自己未完成的事业。开普勒其实是个数学家，而且最崇拜毕达哥拉斯，他认为宇宙中的一切都遵循着一个美妙的秩序。开普勒利用第谷留下的大量观测资料计算出了包括地球在内的 6 颗行星的运行轨道，接下来他就试图去寻找这几颗行星运行的数学规律，也就是他崇拜的完美秩序，他首先选中了火星。那时候天空的秩序，也就是完美的正圆形轨道已经被描述得相当仔细，可开普勒根据第谷的资料算了好几十遍，得出的结果总是和第谷的数据不符，差了 8 角分。开普勒不愧是个数学家，8 角分是什么概念呢？整个天空是 360 度，1 度分为 60 角分。月亮在满月时跨越 33 角分，8 角分只有月亮的 1/4 多一点！这么一丁点的差别要是个木匠，肯定是忽略不计的。开普勒说："对于我们来说，既然仁慈的上帝已经赐予我们第谷·布拉赫这位不辞辛劳的观测者，而他的观测结果揭露出托勒密的计算有 8 角分的误差，所以我们理应怀着感激的心情去认识和应用上帝的这份真谛……由于这个误差不能忽略不计，所以仅仅这 8 角分就已经表明天文学彻底改革的道路。"

　　开普勒虽然接受了哥白尼的日心说，可他和哥白尼一样，初衷都是为了让上帝安排好的秩序更加完美。现在完美的正圆轨道出问题了，咋办？开普勒毕竟是个玩家，玩家的思想是不受束缚的。此时此刻他突然意识到，我们对正圆形所代表完美的认识是不是一种错觉啊？而且按照哥白尼的推论地球只是一颗普普通通的行星，并非是宇宙的中心。而他也非常清楚，这个总是遭到战争、瘟疫、饥荒和不幸折磨的地球从来都是不完美的，"开普勒是自古以来第一个提出行星是由像地球这样不完美的东西构成的物体（的人）。"①

①卡尔·萨根.神秘的宇宙［M］.周秋麟，译.天津：社会科学院出版社，2008.

　　于是开普勒彻底抛开完美的正圆形又开始了新一轮的计算。就在他即将陷入绝望的时候，他尝试着用椭圆形的公式去计算，他惊讶地发现，计算结果与第谷的观测吻合得非常好。开普勒终于在并不完美的椭圆形中找到了行星运动的秩序。经过缜密的计算，最后开普勒提出了关于行星运行轨道的三个定律，叫做开普勒三大定律。"天空立法者"就这样出现了。虽然开普勒自己并没有去挪上帝的小手，可他的计算结果已经使得人们不再需要那只小手了。

　　自从伽利略造出了可以把星星看得更清楚的望远镜以后，人们再也不必去顾及上帝的那只小手，真正的天文学从此正式登上历史舞台。

　　从那以后，玩天文的人如虎添翼，并且随着望远镜的不断改进和创新，发烧友们看到的星星越来越清楚：土星还有一个美丽的光环！火星上有运河？啊！是不是有一帮绿色的小人儿住在火星上？望远镜似乎可以穿透宇宙，让大伙儿看到宇宙的尽头，这简直太奇妙了！于是一个叫威廉·赫歇尔

（Wilhelm Herschel，公元 1738 — 1822 年）的大玩家闪亮登场了。

威廉·赫歇尔是个德国人，1738 年出生在汉诺威。他爸爸是军乐队里的双簧管乐师，赫歇尔 14 岁就继承了老爹的职业，也当上了汉诺威军乐队里负责吹双簧管的乐师。岁数大一点以后这小子不想在军队里混了，他觉得自己音乐才能还不错，在哪儿不是一样混饭吃。于是他就跑到英国去，在英国的一个乐队当了指挥。28 岁的时候，也就是 1766 年他又跑到一个小教堂里给人家当管风琴手，同时他还开了个音乐兴趣班，当上了音乐老师。几年下来，赫歇尔攒了一些钱，有了这些钱后赫歇尔便开始琢磨该玩点啥了。他和好多人一样从小就对看星星特别感兴趣。

赫歇尔虽然不是穷人，但买望远镜钱还是不够，开始他是租了一架反射式望远镜，玩着玩着他觉得不过瘾了，可买大型望远镜赫歇尔更没有那么多钱了。怎么办？自己造吧！不就是玩嘛！这时他对望远镜的结构已经有了一些了解，再加上他买了一本天文学的书，书上介绍了望远镜的制作方法，这让他很兴奋。于是，他开始按照书上描述的方法试着自己做起望远镜来。

那时候望远镜的结构比较简单，无论是伽利略式、开普勒式或者牛顿式，基本就是一片物镜加一片或一组目镜，物镜和目镜中间用镜筒连接，再做个架子把望远镜支起来就大功告成了。可物镜和目镜镜片的磨制是个仔细的活，没有点耐心是玩不了的。当然也可以去商店里买个现成的镜片。不过伽利略式和开普勒式望远镜，物镜都是一块凸透镜，而赫歇尔造的是牛顿式望远镜，物镜是一块凹面的金属反射镜，这样的反射镜商店里也买不着。

制造牛顿式望远镜首先要磨制物镜的镜片，那时牛顿式望远镜的物镜都是用铜胚磨出来的。磨制镜片是件既需要十分细心，又耗时费力的工作，但玩家最不怕的就是这些。只要能看到更清晰的夜空，赫歇尔便不顾一切地玩了起来。为了能更有效地工作，他把妹妹从德国接来和他一起玩，结果他妹妹卡罗琳·赫歇尔成了世界历史上第一位女性天文学家。经过几次试制，赫歇尔终于造了一架比较满意的望远镜。而且，从此以后赫歇尔一辈子都没有停止造望远镜，光是镜片他就磨了400多片。有一台赫歇尔制造的望远镜据说拿到了当时还是清朝的中国，送给清朝哪位皇帝当玩意儿去了。

造出了望远镜后，赫歇尔更闲不住，他用自己造的望远镜对准了天空，他要去发现新的奇迹。

那时候虽然大多数人已经接受了哥白尼的理论，但仍然充满疑点，其中最大的疑点是恒星的周年视差。啥叫恒星的周年视差呢？大概是这样：地球如果围着太阳转动，那么在地球处于太阳左右不同的两边时，看到的恒星就会发生所谓的周年视差。这是啥道理呢？打个比方，你如果把一根手指放在眼前，后面是一张中国地图。当你用双眼看手指时，手指落在地图上的一点，譬如武汉。这时如果你闭上右眼，睁着左眼，前面的手指马上往东边挪动。如果换一下，闭上左眼，手指就会挪到西边去了，这就叫做视差。刚才的实验就如同站在地球上看一颗恒星，譬如牛郎星，秋天看和春天看应该是处在两个位置上，因为秋天和春天地球正好处在太阳的两边。但这个现象那时一直没有被发现。不过大家都觉得周年视差肯定存在，只不过其他恒星距离太远，周年视差非常微小，所以看不出来。

赫歇尔希望用自己制造的、倍数更大的望远镜去发现这个现象。那么赫歇尔是否成功了呢？很遗憾，他没有成功。可是，在他寻觅周年视差的时候，一不小心发现了另外一个奇迹——他无意中发现了天王星，天王星是人类用望远镜发现的第一颗行星。

这就是玩家的本事——由一个吹双簧管的乐手变成了天文学家——那不就是在玩吗？几千年来，玩家们出于心中无限的好奇和极大的兴趣不断地观察着那个神秘的夜空。终于有一天，他们发现黑暗星空上的那些小亮点和

上帝或者神灵似乎没有什么关系。可和谁有关系呢？于是他们想尽一切办法去寻找最后的答案。开始是用双眼，后来有了望远镜。

赫歇尔由于发现天王星而受到英国国王乔治三世的赞赏，他还被授予皇家天文学家的称号，年俸 200 英镑。不久他又被选为英国皇家学会会员。这下赫歇尔可爽了，不但不用再为钱着急，还从业余玩家玩成了专业学者。

欧洲曾经有过一段不光彩的历史，那就是黑暗的中世纪。那时候欧洲教会的神学和古代圣贤的理论，就和中国的孔孟之道一样，像一把把铁锁禁锢着人们的思想。文艺复兴时，不顾教会统治的玩家冲破牢笼，发现了一个全新的世界。于是上帝去干他该干的事，玩家继续玩了下去。

第十二章

不需要
上帝这个假设

我们现在看伽利略时代的人可能会觉得很奇怪，因为那时候的人宁愿相信《圣经》里说的，也不愿意相信望远镜里看见的星星是真实的。这是咋回事呢？那是因为教廷告诉大家除了《圣经》和古代圣贤说过的以外，其他都不是真的，都是异端邪说。

伽利略为了表明自己的观点，又不想得罪教会，于是他也学着古希腊人的样子写了一本对话集——《关于托勒密和哥白尼两大世界体系的对话》。在书里伽利略设计了三个人物：古代亚里士多德的注释学者辛普里丘（代表托勒密），一个名叫沙格列陀、风趣又毫无偏见的中间人，另一个是萨尔维阿蒂（代表伽利略自己）。不过那时候想出书可是件非常不容易的事情，不经过教廷严格的审查是根本别想。所以伽利略想用对话的形式躲过教会严格的审查制度，想把教皇蒙过去。

在这本书里伽利略的主要目的是想通过三个人的对话和一系列显而易见的事实说明不是星星在转，而是地球在转，而且地球还在围着太阳转。他想以此来证明哥白尼的学说是对的。教会的审查机构开始可能没怎么看明白这本书，于是，1632 年 3 月《关于托勒密和哥白尼两大世界体系的对话》出版了。可伽利略没有哥白尼的运气好，没过多久教会醒悟过来了。教皇怎么能允许有人反对地球是宇宙中心这个被托勒密定下来的"真理"呢？书才出版 5 个月，就在当年的 8 月被教会勒令禁止发行。不仅如此，由于伽利略的书亵渎了上帝，他成了罪犯，罗马教会的法庭要提审他。这下可惨了，已经 70 岁高龄的伽利略不得不拖着衰老的身子来到罗马接受审判。教会认为伽利略宣扬哥白尼的日心说，就是亵渎了伟大的神。可怜的老头被判了终身监禁。在宣判他的时候，据说他嘴里还念叨着："可地球是在转啊！"

好在有哥们儿捞他，可怜的伽利略没有被囚禁在教会阴森的地牢里，而是被软禁在家里。在软禁期间伽利略并没有屈服，另一部伟大著作《关于两

门新科学的对话》于1638年在荷兰出版。这本书应该算是伽利略自己一生玩过的材料力学和运动力学的总结。爱因斯坦在评价伽利略时这样说："伽利略的发现以及他所应用的科学推理方法，是人类思想史上最伟大的成就之一，标志着物理学的真正开端。"

1642年1月8日，伽利略终于走完了人生最后的一点时间，在他即将离开这个世界的时候，他说："我诞生的那一年，正好是米开朗琪罗去世之年。如今我就要撒手人间了，不知道在哪里会诞生一个伟大的人物。"就在这一年的年底，圣诞节那天，在英国的一个小镇乌尔索普，那个被树上掉下来的苹果砸了一下的艾萨克·牛顿（Isaac Newton，公元1642—1727年）出生了（牛顿的生日是儒略历1642年12月25日，是现行的格里高利历1643年1月4日，所以有人说他是伽利略去世那年出生的，也有人说是第二年出生的）。

牛顿这个开创了被后人称做经典力学的旷世奇才出生时据说只有3磅重（1磅=453.59克），小到可以放进一个啤酒杯里。牛顿小时候并不合群，他不喜欢其他孩子玩的那些庸俗的游戏。他喜欢自己玩，对大自然充满好奇。牛顿幼年的愿望是做一个木匠，他很想做出一个个漂亮的书架和桌子。12岁的时候牛顿被送到离他家十几千米远的格兰瑟姆去上中学，在那里牛顿认识了他一生中唯一一个恋人斯托丽。这个性格内向，孤独羞怯，脾气也不咋地的牛顿得到他舅舅的赏识，在舅舅的鼓励下，中学毕业后的牛顿来到剑桥大学三一学院，从此开始了牛顿的也是全人类的一个辉煌时代。

牛顿开创了人类的一个新时代——科学革命的时代。可以说，伽利略用实验的方法把门推开了一条缝，而牛顿把这扇科学的大门彻底打开了。前面说过的罗吉尔·培根首先提出"数学是科学的大门和钥匙"。而牛顿用一个简单的数学公式描述了我们这个世界遵循的规律——万有引力定律。从此我

$$F = G \cdot \frac{m^1 \cdot m^2}{\ldots \ldots}$$

们才知道，是万有引力，而不是上帝的那只小手在推动宇宙。

从古希腊开始的理性思维在中世纪被教会扼杀，从文艺复兴起开始回归。但是如果只是哥白尼、伽利略或者牛顿这几个伟人，即使他们本事再大，玩得再好，也是不可能创造一个全新时代的。连牛顿自己都说："我不过是像一个在海边玩耍的孩童，不时为找到比常见的更光滑的石子或更美丽的贝壳而欣喜。"这个科学革命的时代确实还要感谢许许多多来自各个方面杰出的玩家们，是一个个英雄式的玩家从不同的领域把这个时代推向一个个美妙的高潮。

哈雷彗星大家都听说过，这颗彗星就是以英国的一个大玩家哈雷（Edmond Halley，公元 1656 — 1742 年）的名字命名的。哈雷和牛顿是同时代的人物，比牛顿小十几岁，而且和牛顿还是好朋友。哈雷也是个了不得的大科学家，他从小也特别爱看星星，20 岁的时候还自己跑到南半球的圣赫勒拿岛去看星星。圣赫勒拿岛是南半球大西洋中间的一个岛，1815 年战败以后的拿破仑就被流放到这个岛，直到去世。哈雷在那里测定了 341 颗恒星的详细位置。回到英国以后哈雷"火"了，因为在他以前还没有任何一个天文学家看见过南半球的星星，他被叫做南方的第谷。另外哈雷很想证明开普勒定律，于是去找牛顿商量，结果他发现牛顿已经早就把这事儿搞定了，那就是万有引力在操控着这一切。"那你还不赶快发表？"哈雷说。"我没钱啊！"牛顿很惭愧。"那好说，我来想办法。"哈雷想尽一切办法为牛顿筹集到足够的钱，于是《自然哲学的数学原理》这部旷世名著出版了。

如今娱乐圈里的大腕名嘴们总是时不常整出点儿名段子名句，流传甚广。不过这些名段子名句流传的时间一般不会很长，起码没有这两句长："知识就是力量"和"我思故我在"。大腕们的名段子名句流传的时间长了，是谁说的基本忘掉，可这两句名言，只要知道或者记得的人，就肯定知道这两句是谁说的，因为哥白尼、伽利略、牛顿开创的那个科学革命时代少不了这两位玩家。

"知识就是力量"是伟大的弗兰西斯·培根（Francis Bacon，公元 1561 — 1626 年）说的，这个被称做为近代自然科学鸣锣开道者的培根，是和伽利略同时代的人，比伽利略大 3 岁。他是英国的子爵，曾经当过大官。可是这家伙晚节不保，因为贪污受贿官给免了，不但被免官，而且被逐出宫廷，永远不得再做官。看样子培根没少贪，要不咋这样惩罚他。好在免官以后的培根并没有躲起来或者自暴自弃，他开始玩科学了，没事还做个实验啥的。65 岁的培根有一次想做一个冷冻对于防腐作用的实验，于是他宰了一只鸡，把雪塞进鸡肚子。可是身体过于衰弱的培根因此感染重病，不久便去世了，那是 1626 年 4 月 9 日。我们今天用的冰箱其实就是利用低温来防腐的，大

家可能不会想到，冰箱的后面原来还有着这样一个执着老玩家的故事。

　　培根推崇观察和实验，吴国盛先生说："近代自然科学有别于中世纪知识传统的第一个特征就是注重实验。在强调这种差别以及倡导实验方法方面，英国著名哲学家弗兰西斯·培根起到了引人注目的作用。"不过，培根的思想基本上和亚里士多德当年的那套差不多，只是在方法上比老前辈高明了许多，更重视数据的归纳积累，但对数学在科学实验里的作用他似乎不在行，并没有加以重视。

　　培根对数学不在行，倒给一个法国人留下了机会，他就是大名鼎鼎的笛卡儿（René Descartes，公元1596 — 1650年），一个大玩家。笛卡儿是哲学家，不过他的哲学离不开数学。笛卡儿出身法国名门，小时候身体极差，老师允许他早上可以不早起，结果让他养成早上在床上思考的习惯，从此成就了一个终生喜欢沉思、性格孤僻的哲学家。解析几何是笛卡儿最辉煌的贡献之一，

贪 玩 的 人 类
写 给 孩 子 的 科 学 史

所谓解析几何就是用他首创的直角坐标系，把几何和代数融合在了一块。有了这直角坐标系，如今的股民们可就高兴坏了，他们只要成天盯着证券交易所里大屏幕上红色和绿色坐标的变化就妥了，不过是赚是赔笛卡儿就管不了啰。

笛卡儿赞成培根的归纳法，但是他认为在错综复杂的世界面前，观察得到的结果不一定是可靠的，归纳法是会出错的，而演绎法不会。啥叫演绎法呢？演绎法就是用一些不证自明的前提，去证明和判定你还不明白的新前提，即数学的方法。

"知识就是力量""我思故我在"分别代表了培根和笛卡儿不同的理想，这两个理想虽然都有局限性，却成就今天科学社会的两大法宝，所以这两句话一直流传到今天。

牛顿在他的《自然哲学的数学原理》里向全世界宣布了万有引力定律和力学三大定律，让玩家们走上一条全新的路。天文学家根据牛顿的万有引力定律计算出了各个行星的运行轨道，并且根据计算的结果，那些小星星真的就会非常听话地出现在计算出来的位置上，这简直太好玩了！玩得太炫、太酷了！可牛顿的理论是不完善的，太阳系里有那么多的行星，它们这样不断地运转很多很多年以后会怎么样呢？连牛顿自己都担心这样下去太阳系将会陷入一场紊乱，灾难将要来临。上帝能干这事吗？牛顿甚至认为他的理论不能保证太阳系的稳定，上帝还必须伸出他的小手时不常地调整调整。牛顿把上帝抬出来，估计是不想因为万有引力而成为千古罪人。

不过不必担心，不是还有其他玩家吗？在牛顿去世20多年以后，一个人在法国出生了，他就是拉普拉斯（Laplace，公元1749 — 1827年）。"他是诺曼底（第二次世界大战盟军开始大反攻的那个地方）一个乡巴佬的儿子，靠他自己的能力和善于随机应变的才能，后来竟成了王朝复辟时代的侯爵。"①

拉普拉斯聪明绝顶，虽然只受到过初等教育，却以一篇关于力学的论文得到了当时法国百科全书派著名学者达朗贝尔的推荐，被任命为巴黎军事学校的数学教授，那年拉普拉斯才24岁。从此拉普拉斯开始了他关于太阳系里复杂天体之间力学问题的研究，经过20年的努力，他的巨著《天体力学》出版了，从此他被称为法国的牛顿。

拉普拉斯经过计算证明：行星的运动是稳定的，行星之间的互相影响和彗星等外来物体所造成的摄动，只是暂时现象；牛顿的担心（太阳系最终会陷入紊乱）是没有根据的，再也不必请求上帝伸出他的小手去做任何调整了。

①丹皮尔.科学史及其与哲学和宗教的关系［M］.李珩，译.广西：广西师范大学出版社，2009.

据说，拿破仑在听说拉普拉斯写的《天文力学》里没有一次提到过上帝后，就问他："拉普拉斯先生，有人告诉我，你写了这部讨论宇宙体系的大著作，但从未提到它的创造者。"拉普拉斯回答说："尊敬的陛下，我用不着上帝这个假设。"拉普拉斯虽然是个很圆滑的人，有人甚至认为他是个政客，但对于他自己玩的事情，表现出一个男子汉的骨气。

拉普拉斯的《天文力学》可以说已经足以证明牛顿是最棒的，也是无可挑剔的。可偏偏有人还是不太相信牛顿的万有引力定律，起码觉得还是不完善的。这其中包括英国皇家天文台的大天文学家艾里（George Biddell Airy，公元 1801—1892 年）。

在天文学家根据万有引力定律对赫歇尔发现的新行星——天王星的轨道进行了仔细计算后，发现这个轨道有很明显的偏差。算出来的和实际出现的位置有误差，而且误差越来越大。这是怎么回事呢？于是有人开始怀疑，是不是牛顿弄错了啊？不过有一些人觉得这不是牛顿的错，而是因为在天王星的外面还有一颗我们尚未发现和看到的行星，是这颗未知行星的引力造成天王星的摄动。这可不是开玩笑，你要拿出证据来的！计算这颗未知的行星是非常困难的，这个假设是否成立就要看这帮玩家的本事了。

有个英国小伙子不信邪，他要算一算，这个人叫亚当斯（John Couch Adams，公元 1819—1892 年）。他在上大学的时候就利用课余时间算，一直算到大学毕业。在上研究生课的时候，改进了自己的算法，在 1845 年他得到了一个满意的结果。于是他拿着自己的论文求见当时在伦敦皇家天文台当天文学家的艾里。可没想到艾里根本不搭理这个无名鼠辈，拒不接见。亚当斯只好又请人转交了他的论文摘要给艾里，艾里还是不以为意。他倒不是怀疑牛顿的万有引力有问题，而是怀疑这个刚毕业没多久的大学生没这么大的本事。

天王星　　　　海王星

　　好在玩这事的人不止亚当斯一个，在法国还有一位，他叫勒维烈（Le Verrier，公元 1811 — 1877 年）。勒维烈和亚当斯一样都出身贫寒。为了勒维烈能去巴黎读书，他爸爸卖掉了房子。勒维烈从 1841 年开始研究天王星轨道不正常的问题，1846 年，他完成了《论使天王星运行失常的行星，它的质量、轨道和现在位置的决定》。他把这篇论文交给了法国科学院，但是当时法国没有他所说的宝瓶座一带详细的星图，于是他又把论文寄给了德国柏林天文台的加勒。在给加勒的信里他说："把你的望远镜指向宝瓶座，黄道上黄经为 326 度处，在这个位置 1 度的范围内能找到一颗行星。这是一颗 9 等星，它具有明显的圆面。"

　　出生在 1 月 20 号以后，2 月 19 号以前的人士，在星相学里就是出生在宝瓶座的人。所谓明显的圆面就是通过望远镜辨认行星最明显的标志，恒星由于距离太遥远，是看不到圆面的，而行星还可以，比如，海王星用现代的大型望远镜观测，它的视直径是 2.2 到 2.4 角秒。

在收到信的当晚，也就是 1846 年 9 月 23 日，加勒按照勒维烈的说法把望远镜对准了那片天区，果然发现了一颗以前没有标出的星星。第二天他继续观测，这颗星星移动了 70 角秒，哈！这的确是一颗行星，是一颗从未发现过的行星！

消息传到了伦敦，已经当上皇家天文台台长的艾里彻底傻了。

丹皮尔说："牛顿理论的精确性实在令人惊异。两个世纪中一切可以想到的不符情况都解决了，而且根据这个理论，好几代的天文学家都可以解释和预测天文现象。"

从笔尖上发现的行星海王星到另一颗笔尖上发现的行星冥王星，时间又过去了 84 年，时间不长也不短。不过从这时开始，上帝的神学和科学就分手了，上帝只管他该管的事，科学家继续玩去了。

▶ 如今无处不在的电，点亮了夜晚，让曾经恐怖的漫漫长夜充满了浪漫和诗意。而且中国人也早就知道有电这回事，可不知道电除了是阴阳激耀以后产生的可怕闪光以外，还能点亮我们的生活。是吉尔伯特、马德堡、富兰克林、伏特和法拉第等这些玩家把电变成了和我们形影不离的挚友。

第十三章

穷人出身的法拉第

人类是惧怕黑暗的动物，这也是为什么晚上讲鬼故事效果最好。据说这种心理是几百万年前，人类由于夜里经常受到夜行食肉动物的袭击而留下的。虽然怕黑并非是人类本能的生理机能，但是无论如何人类确实总会对黑暗感到恐惧。不过，自从人类学会了玩火，大人基本就不再惧怕黑暗和夜晚，怕黑的就剩下又想听而又害怕鬼故事的小孩子了。火光照亮了夜晚，也照亮了孩子们酣睡的小脸蛋。就这样人类靠火光度过了很多很多美丽的夜晚，一直到有了电。

电现在是我们生活中不可缺少的了，没电比娶不到老婆估计还让人着急。现在如果没了电可不光是晚上找不到回家的路那么简单，电脑打不开，伊妹儿发不出去，汽车打不着火，冰箱变成毒气室，地铁成了耗子窝……甚至可能比这还要糟几百、几千倍。

电这个字在中国早就有了，《说文解字》上关于电的解释是："电，阴阳激耀也。"《说文解字》是中国最早的一部字典，作者是东汉的许慎，书中解释的是自西周以来，大约 9000 多个汉字。所以"电"字肯定在许慎编书以前很久就已经存在，起码也有 2000 多年了。那外国啥时候有电这个字的呢？英文 electricity（电、电流、电力）这个词来自希腊文ηλεκρου，这个希腊词的意思是琥珀。电和琥珀有啥关系？这事还得从头说起。

前面谈到指南针的时候提到过一个人，这个人就是西方第一个研究磁性的，17 世纪初英国的玩家吉尔伯特。吉尔伯特除了对磁性有很深入的研究以外，他对摩擦生电的现象也很感兴趣。那时候很多人都知道摩擦琥珀后，琥珀就会吸引起很多小东西，据说这事儿当年古希腊的泰勒斯也玩过。吉尔伯特还发现，除了琥珀，还有很多东西经过摩擦也会出现同样的情况。

于是他把这些现象归结于一种力，那就是我们现在说的电力，他用希腊文琥珀创造了一个新词 electricity。也就是说英文中电这个字是 17 世纪才有的，比中国晚了 1000 多年。

电这个自然现象无论中国还是外国早就知道。中国古代把电说成是阴阳相激而成，所谓"雷从回，电从申。阴阳以回薄而成雷，以申泄而为电。"回是转动的意思，申是束缚的意思，所谓"申泄"就是被束缚又突然释放。东汉的王充（约公元 27—97 年）在他的《论衡》里提到的"顿牟掇芥，磁石引针"，"顿牟"是琥珀的别名，意思是琥珀能吸引（掇）小东西（芥），这和后来吉尔伯特说的摩擦生电的意思是一样的。王充是东汉时期一个奇才，也是玩家，不过除了王充，后来再没有人对电的现象发生兴趣，更没有人去玩，所以中国古代没有更多关于电的解释。

把电用在我们的生活上要感谢西方很多辛苦的玩家，是他们辛勤的工作把电这个琢磨不定的怪物制服，变成了点亮人类现代生活的源泉。

自从吉尔伯特发明了 electricity 这个词以后，就有很多玩家对这个古希腊的琥珀产生了兴趣和好奇，这琥珀上的东西到底是啥呢？

吉尔伯特还发现了很多东西，除了琥珀之外，他还拿着各种不同的材料去摩擦，玩得很得意。他发现电这玩意不是所有物体摩擦都会有的，于是他

把这些分为"电物体"和"非电物体"。

还有一个玩家也很厉害，他玩了一件事，那就是起电机。他把一个硫黄球（后来改成玻璃球）安上摇把，可以使其转动，当用手或者其他毛皮之类的东西摩擦正在旋转的球体时，球体里就会储存一些静电，用这些静电就可以玩很多有趣的实验。比如，静电感应——把一个小物体凑近硫黄球，小物体上就会感应上电。那时候没有塑料，如果用塑料球，说不定能把人电个跟头。

发明起电机的人叫盖里克（Otto von Guericke，公元 1602 — 1686 年），德国著名的玩家，物理学家。盖里克玩的另一样东西更出名，那就是马德堡半球实验。17 世纪大家对真空发生了兴趣，于是很多人都玩了起来，盖里克就是其中之一。他不但是个著名的玩家还是马德堡的市长，马德堡是现在德国的一个城市，那时候好像属于神圣罗马帝国。著名的马德堡半球实验就是盖里克演示给当时神圣罗马帝国的皇帝费迪南三世看的一个有趣的实验。这个实验证明了空气中的大气压力是相当大的，人的身体里如果是真空的，一瞬间就会被大气压力压成一张薄薄的水彩画儿。

自从盖里克发明起电机以后，很多人都会玩了，并且越做越精致。可是无论起电机做得如何精巧，其中产生的静电会在转动停止以后不久便消失在空气中，而且电量小得可怜，干不了啥惊天动地的大事。这可怎么办呢？皇天不负有心人，可以得到足够多电量的莱顿瓶就在这时被发明了。莱顿瓶其实就是一个很简单的电容器，发明过程也很偶然。据说在1745年，荷兰莱顿大学一个名叫穆森布雷克（Pieter van Musschenbroek，公元1692 — 1761 年）的物理教授，在用起电机连着一个玻璃瓶玩什么实验时，不小心给电了一下，这才发现玻璃瓶里原来可以容纳不少的电荷。这下好了，可以玩比起电机更好玩的事情了。

　　莱顿瓶一发明，很快就传遍了欧洲，玩家们如鱼得水。他们发现用莱顿瓶放电能把老鼠电晕甚至电死，用莱顿瓶还可以点燃火药。这简直太好玩了！有个法国人玩得更邪乎，他在巴黎修道院门前，找来一大帮修士，一共700人，他让所有的人手拉手站一排。第一个人的手里拿着莱顿瓶，最后一个拿着一根引线。当引线和莱顿瓶一接触，700个人全都大叫着跳了起来。

在场观看的法国国王路易十五被逗得哈哈大笑。这虽然是演示给法国国王看的游戏，但这个游戏让大家都明白了一件事：电是不好惹的，电老虎简直就是个十足的怪物。

本杰明·富兰克林（Benjamin Franklin，公元 1706 — 1790 年）也是一位非常著名的玩家。他是美国人民心中的大英雄，参加过独立战争，还参与起草了《独立宣言》。他还是费城公共图书馆、北美哲学会和宾夕法尼亚大学的创办者之一。一个政治家怎么也玩科学呢？其实，富兰克林是个啥都关心的人，不只是政治和科学。法国著名经济学家杜尔哥这样评价他："他从天空抓到雷电，从专制统治者手中夺回权力。"富兰克林从天空抓雷电为后来的电学研究开辟了新的道路。那时候大家把从莱顿瓶或者其他手段得到的电叫做"地电"，人们认为这个"地电"和天上闪电打雷的"天电"是不一样的。富兰克林看到莱顿瓶在放电的时候，也会噼里啪啦地乱响，他想这和闪电不是一样吗？为证实自己的想法，1752 年 7 月，这个大胆的家伙在一个雷电交加的天气，把一个风筝放上了天。风筝连着一根铜线，铜线末端连着一个铜钥匙，铜钥匙插进一个莱顿瓶里。一声巨响，真的有一道闪电击中了他的风筝，拽风筝的丝线上所有的毛毛都竖了起来，莱顿瓶果然出现了电火花。闹了半天，"天电"和"地电"是一回事。好在富兰克林命大，不然这个实验结果估计就要由别人来发表了。

还有一次，富兰克林把好几个莱顿瓶连在一起，想用强电电死一只火鸡。可实验还没开始，他自己被狠狠地电了一下，当场晕了过去。醒过来以后，他看着那只瞪着他的火鸡说了一句："好家伙，本想电死只火鸡，结果差一点电死一个傻瓜。"

那时候大家玩起电机、玩莱顿瓶，玩得很过瘾，而且也知道电肯定是有用武之地的。可电到底怎么才能拿来用呢？就像柴火，要生炉子就必须先砍下很多树干或者树枝子，然后晾干了，剁成一节一节的堆在家门口备用。没有准备好的柴火是没法生炉子的。可是电怎么能像柴火一样堆起来备用呢？电虽然能把人电晕，可看不见摸不着。看起来电似乎到处都是，哪里都有，可怎么把电给弄出来，并且储存起来呢？由于那时候的玩家们玩的基本都是静电，静电在一瞬间就释放了，一方面存不住，另一方面也不会产生持续不断的电流。

18 世纪的欧洲是个很奇妙的时代，玩家总是不断地出现，很多事情就是被这些玩家一不小心给玩出来的。

有个实验，不知有人做过没有，那就是用一把铜钥匙和一把铝钥匙（不是钥匙也行，只要是两种不同的金属）同时放在舌尖上，在两把钥匙很接近但又没有接触上时，你的舌头上就会有一种酸酸的甚至麻酥酥的感觉。用现代物理学来解释，就是两种金属之间电荷的压差不同，产生了电流。这点电流虽然十分微弱，可舌头很敏感，有一点电流通过就会感觉到。要不说为啥咱老妈做的红烧肉稍微多放了一点盐，你就会大喊：这肉太咸啦！弄得满头大汗的老妈郁闷了一下午呢。这还真不怪你不尊重老妈，全怪舌头太敏感。

电流的现象一开始是被一个意大利的科学家发现的，他叫祖尔策（Sulzer，公元 1720 — 1779 年）。但是他经过很多次实验以后，也没搞清造成舌头有感觉的东西到底是啥。30 年以后，在 1780 年，又有一个意大利人偶然间发现了这个现象。

他是在解剖青蛙的时候，不小心让金属镊子碰了一下青蛙的神经，青蛙顿时抽搐起来。这让他觉得生物体里也有电，而且和摩擦生电得到的电是完全一样的，他把这种在生物体上出现的电叫动物电，这个人叫伽伐尼（Luigi Galvani，公元 1737 — 1798 年）。

这时一个更伟大的人物，一个大玩家出现了，他就是伏特（Alessandro Volta，公元 1745 — 1827 年）。伏特也是意大利人，他发明的起电盘使他名声大噪。他和伽伐尼是哥们，所以伽伐尼玩啥他都知道。他琢磨着不用生物体是不是也会产生同样的事情呢？估计他多少听说过当年祖尔策干的事，于是他就拿不同的金属做实验。伽伐尼发现动物电以后还引起过一场不大不小的争论，争论双方分为动物电派和金属电派，两派各执一词。伏特不管是不是动物电，他只用不同的金属做实验，结果让他搞出了大名堂。他发现了所谓的伏特序列，也就是不同的金属之间产生不同大小电流的序列，包括锌、铅、锡、铁、铜、银、金等，这个序列中相隔越大的金属之间产生的电流也就越大。伏特根据这个序列在 1800 年制作出全世界第一块电池（伏特电堆）。1801 年，他拿着自己制作的电池演示给拿破仑看，拿破仑马上封他为伯爵和伦巴帝王国参议员。现在我们对电压的描述，即单位伏特（Volt），就是为了纪念这位伏特伯爵。

这些事发生在 18 世纪 90 年代，也就是 1795 年前后，那时候正是大清朝的乾隆皇帝禅位，嘉庆皇帝上台的年月。从吉尔伯特到伏特，时间过去了 200 年。这 200 年里，中国经历了从清军入关到乾隆的宠臣——大贪官和绅被嘉庆赐死等一系列历史事件，而欧洲人却在不断地变换着新玩法、新玩意。

伏特电堆预示着现代电气时代的来临。伏特以后的玩家们开始研究电和磁之间的关系。现在我们都知道，电与磁是一对关系密切的小兄弟。吉尔伯特受到来自中国的指南针的启发，开始去研究磁。同时他又发现了电力，可吉尔伯特没发现这两件事中的关系。200 年以后，是两个充满灵感的玩家发现了电与磁之间的关系。第一个是丹麦科学家奥斯特（Hans Orsted，公元 1777 — 1851 年），丹麦哥本哈根大学教授。他一直就觉得电与磁有关系，他认为，既然电在通过比较细的电线时会发热，那么电线再细就会发光，继续细下去就会产生磁力。为此他设计了很多实验，可是他运气不好，总是不成功。有一次他又重复了一次这个实验，这次老天终于开眼了，当他接通电流以后，旁边的一个磁针真的动了一下，奥斯特简直高兴坏了，他还发现磁力的方向和电流是垂直的。不过奥斯特只是发现了电流对磁针的作用，是另一个更具灵感的人把奥斯特的发现又推向一个高峰——电动力学，他就是法国的安培（André-Marie Ampère，公元 1775 — 1836 年）。安培小时候是个神童，12 岁就已经掌握了当时所有的数学知识。长大以后他常被人们叫做"心不在焉的教授"，因为他好像老在琢磨啥似的。他做事全凭灵感，当他知道了奥斯特的发现以后，灵感突然爆发，在不到一个星期的时间里就发现了电和磁之间的两个规律，即右手定律和两个电流与磁力的关系。这些被称为安培定律的数学公式，成为后来电磁学发展的强大动力。另一个德国人欧姆（Georg Simon Ohm，公元 1787 — 1854 年）不久又提出了他的欧姆定律。他们的发现似乎都在为另外一个大玩家的出现奠定基础，这个大玩家就是法拉第（Michael Faraday，公元 1791 — 1867 年）。法拉第是 19 世纪最伟大的科学家之一，他是我们可以生活在如今这样一个电气化时代最应该感谢的一个人。

法拉第和前面说的所有玩家都有很大的不同。法拉第出生在伦敦郊区一个贫穷的铁匠家庭，读了几天书刚刚够把字认全便辍学了。 14 岁时，法拉第就去印刷厂当童工给家里挣钱，听起来有点像狄更斯笔下《雾都孤儿》的感觉。不过印刷厂装订工人的工作让法拉第有了看书的机会，他利用工作之

电=阴阳激耀也

Electricity

许慎

吉尔伯特

安培定律

安培

欧姆定律

欧姆

$E = n\frac{\Delta\varnothing}{\Delta t}$

法拉第

贪 玩 的 人 类
写给孩子的科学史

便读了不少书，并且学到很多科学知识。他试着做了一些化学实验，还装了一台起电机。法拉第虽然是个穷小子，可他爱玩。

有一年，当时英国著名的化学家戴维（Humphry Davy，公元 1778 — 1829 年）男爵正在举办一系列的讲座，法拉第偶然得到一张票。听了戴维的课他惊讶地发现，自己居然完全可以听懂。于是他更加认真地听课，并做了很详细的笔记。

成年以后，法拉第仍然是印刷工人，只不过不再是童工。由于法国老板不咋地，他不想干了，于是给自己写了一封举荐信寄到皇家学会，想谋个差事。英国的皇家学会成立于 1660 年，全称是"伦敦皇家自然知识促进学会"，这个皇家学会和现在的中国科学院差不多，想在那儿谋个差事可太难了。果然，法拉第的信石沉大海。他又把自己听课时记录下的 300 多页笔记装订成一个漂亮的本子（干印刷的，做个漂亮本子他最在行），并把本子直接寄给了戴维，希望在戴维手下工作。戴维看到法拉第的笔记，被他的才华感动了，当戴维的一个助手离开以后，法拉第顺利地成了戴维的助手。但是在当时的英国，戴维虽然很看重法拉第的才华，但他自己是一个有名望的男爵，还是会有点看不起出身卑微的法拉第，对法拉第很不客气。1813 年在戴维去欧洲旅行的时候，法拉第几乎就成了他的贴身奴仆。不过一心只为玩的法拉第毫无怨言，这次旅行让法拉第见到了伏特，还有许多著名的科学家和科学精英。这些经历更加刺激了法拉第，不久以后，法拉第的成就便超越了他的老师。当法拉第成名以后，戴维竟然产生了妒忌，在选举法拉第为皇家会员时，他投了唯一的反对票，可法拉第对自己早期的恩师永远怀着敬慕之情。

法拉第的一生谦逊正直、治学严谨，而且生活俭朴、不尚奢华，经常被到皇家学会做实验的学生们当成看门老头。他婉拒了担任皇家学会会长的邀请，他说："我是个普通人，如果让我接受皇家学会希望加在我身上的荣誉，我不能保证自己的诚实和正直，连一年都做不到。"法拉第是玩家，他对傍晚的雷雨或者辉煌落日的兴趣远远胜过华丽的名牌衬衫或者精致的银餐具，因为只有雷雨和落日会让他疯狂。法拉第的好友丁达尔（John Tyndall）这样说："一方面可以得到十五万镑的财产，一方面是完全没有报酬的学问，要在这两者之间去选择一种。他却选定了第二种，遂穷困以终。"

正是这个充满了无限才华和人格魅力的法拉第，在 40 多年的科学生涯中，做出了极其伟大的贡献。他因为没有受到过多少正规的学校教育，数学比较欠缺。但他是一个非常棒的玩家，一个实验的高手，并且可以用条理清晰的语言准确地表达自己的想法和实验。所以他的电磁感应理论的发明和创造，使电动机和发电机的运转成为可能，并成为整个 19 世纪工业的强劲动力，直到今天我们仍然在享受法拉第带来的无尽快乐。

▶ 罗吉尔·培根曾经对人之所以犯错列出四种可能，其中一种就是对知识的自负。这点有时确实是很害人的。科学知识和《圣经》里的谆谆教导不一样，科学是对事物的一种判断和认知。所以科学知识是随着判断和认知的不断深入会有所改变的，如果对已经了解的知识抱有自负的想法，那就错了，很可能还会闹出笑话。下面大伙儿就能看见一位。

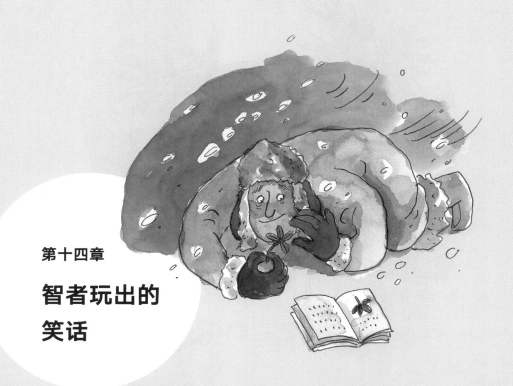

第十四章

智者玩出的笑话

据说猴子或者山羊什么的，觉得自己不舒服了，就会去找一些树叶子或者草，吃下去以后就没事了，这就是草药。这事儿人类也早就知道，当然比猴子山羊玩得强多了。人类在很早的时候就有关于能治病的植物的记载，最早干这事的应该是中国人。被称为奇书的《山海经》（《山海经》也被认为是一本地理书）里记载了大约30多种具有药用功能的植物，比如，"又西六十里，曰石脆之山，其木多棕枬，其草多条，其状如韭，而白华黑实，食之已疥。"疥是一种病，也叫疥疮，是因为感染了一种叫疥虫的小坏蛋引起的。不光是植物，人类还研究动物，比如，雪蛤（也叫林蛙）有抗衰驻颜的效果，虎骨有强筋健骨的作用等（不过不建议大家去吃，吃多了地球就该病了）。明朝李时珍的《本草纲目》里关于什么草有什么作用，什么动物能治啥病说

得就更全面了。所以传统中医虽然不是什么正经八百的科学，却是中国人玩得相当成功的一件事情，毕竟中药很多时候还是挺管事儿的。

植物除了能治病，人们不能缺少的粮食蔬菜以及那些美妙无比的花朵也都是植物。对植物的好奇让欧洲人很早就建立了专门的植物园。自古希腊的缪塞昂被罗马人一把火烧了以后，在 1545 年前后，意大利人又建起了植物园，他们把各地采集来或者探险家们从遥远的地方带回来的奇花异草种在植物园里，供人们欣赏和把玩。就是这些在植物园里玩植物，后来又扩展到玩动物的玩家们玩出了一门叫博物学的学问，之后，从博物学又发展出了现代的生物学。

古希腊也有很多玩家喜欢玩动植物，到了罗马时期（公元 1 世纪左右），一个叫普林尼（Gaius Plinius Secundus，公元 23 — 79 年）的意大利人把希腊时期关于大自然的百科知识总结成一部巨著《博物志》。在这部有 37 卷的百科全书式的著作中，普林尼汇编了 34000 多种关于自然的条目，其中包括大量动物和植物的条目。这个人怎么会有这么大的本事呢？其实这本书就是他的故事集，雷立伯在他的《西方经典英汉提要》一书上这样说："这些知识是他从 100 位作者的 2000 部书中得到的。"而且普林尼是非常忠实地把其他人的说法照搬进他的书里，所以里面还有很多是属于神话或者鬼故事的内容，比如，在他的书里你还可以找到美人鱼和独角兽这类传说中的动物（不知道中国的凤凰、麒麟啥的他听说过没有），在那时由于缺少更多的资料对普林尼的说法加以核对，所以普林尼的权威性不会受到怀疑。普林尼应该说是那个时代最伟大的学者和玩家，他做过罗马帝国的大官，是罗马的上层人物。他又是个嗜书如命的人，一辈子读了大量的书，据说他一生写过7 部书，包括演说术、修辞、兵器、历史和人物传记等。但大部分只剩下片断，只有《博物志》流传下来。公元 79 年 8 月 24 日，普林尼为观察维苏威火山

的情况，不幸因火山喷出的烟雾窒息而死，他当时是那不勒斯的舰队司令。

在黑暗的中世纪，人们相信动物和植物都是上帝造的，所以也没人有兴趣去玩了。文艺复兴以后，尤其是地理大发现以后，欧洲人的视野大大地扩展开来，更加广阔、更加丰富多彩的世界展现在欧洲的玩家们面前。原来，世界上的玩意儿比普林尼当年说的那些不知多了多少倍。

更加令人兴奋的是，除了那些眼睛看得见的，眼睛看不见或者看不清的小东西到了17世纪也都能看见了。为啥呢？因为前面说过的伽利略，不但玩出了能看星星看月亮的望远镜，同时还用同样的原理造出了显微镜。有了显微镜，小苍蝇一瞬间变成了一介浑身长满毛毛的大怪物。从此人们的视野再一次被扩大。

五花八门的物种被不断地发现，有动物也有植物，博物学家们也越来越被人们所尊敬。可玩家们发现问题也随之而来了：这么多的物种之间是不是有啥联系？如果有会是怎么样呢？怎么才能把它们之间的关系搞清楚呢？于是玩家们又去亚里士多德老先生那里去找根据。干吗没事老找他呀？那是因为亚里士多德老先生早就说过，世界上所有的物种都有"属"和"种"之分。不过当年他只描述过大约500种植物，而到了17世纪，人们已经知道了起码6000种植物。100年以后又有12000种新植物被发现，简直就是大爆炸。亚里士多德说的那些已经完全失去了意义。

亚里士多德虽然没有提供直接的答案，可他把生物分成"属"和"种"

的方法却给玩家们带来了启示。于是玩家们用通过观察得到的动植物表面特征对它们进行分类，比如，根据植物的高矮，给分为草本、木本和灌木。于是植物和动物的分类，也就是生物分类学成了博物学家一种全新的玩法。把植物分成草本、木本和灌木的方法就叫做人为分类法。

17 世纪，一位英国的玩家创造了一套新的分类方法——自然分类法，他写了一大堆的书，如《英国植物名录》《威勒比鸟类学》（威勒比是他的老师）《威勒比鱼类史》《植物研究新方法》《植物史》《鸟类及鱼类概要》《四足动物概要》《昆虫史》等，还有一本《从创世的工作中看上帝的智慧》，充满了对无所不知、无所不能的上帝的赞扬，因为他是一位虔诚的基督徒。他还和另外一个动物学家结伴到处旅行，研究动植物，足迹遍布全球。他描述和指出的许多动植物纲目，如把动物分为兽、禽和昆虫等，至今仍然被生物学家所采用。这个大玩家的名字叫约翰·雷（John Ray，公元 1624 — 1705 年）。

约翰·雷的分类法虽然对自然分类学和后来的生态学都有很好的促进，可他的分类法过于复杂，使用起来非常不方便。另一个人把人为分类法进行了巧妙的归纳，他以植物生殖器官，也就是花蕊的结构为依据创造了分类方法，在命名方法上创造了所谓的双名制。这个人就是瑞典著名博物学家林奈（Carl von Linné，公元 1707 — 1778 年）。

林奈还有一个非常好听的雅号，叫花仙子。林奈 1707 年出生在瑞典一个乡村牧师的家庭，父亲非常喜欢园艺，他家门口就是一个漂亮的小花园。林奈受父亲的影响从小也对各种花草十分着迷。所以他也和许多著名科学家一样，上学的时候成绩平平。林奈对自己小时候的印象是："处罚，不断被处罚，教室是最可怕的地方……如果有所教室可以在林中漫步，在小草上打滚，那该有多好。"

20 岁时，林奈上了大学，喜欢植物的林奈也喜欢上了博物学，他热衷于学习采集和制作各种植物标本的方法，因为这更符合这个花仙子在林中漫步，在小草上打滚的理想。1732 年他跟随一支探险队到瑞典北部的拉普兰地区做野外考察。拉普兰地处北极圈内，是一片寒冷而又神秘的地方，现在是瑞典著名的旅游地。那个童话一样的冰雪世界，传说是白胡子老头圣诞老人的故乡。在那里，游客可以享受极夜、极昼还有驯鹿驾驶的雪橇的乐趣，运气好还能看见绚丽的极光。在那片荒凉而又充满神奇的地方，林奈发现了100 多种新植物，他把考察得到的资料发表在了《拉普兰植物志》上。那时候大家认为北极圈内那么冷，除了松树和苔藓还能有啥植物啊。林奈的这些资料让大家惊讶地看到，原来北极圈里也是一个如此丰富多彩的世界。林奈一夜之间成了小有名气的博物学家。

大学毕业后林奈继续在欧洲游历，1835 年他在荷兰取得了博士学位。在同一年，他的《自然系统》一书也出版了，这本当时只有 12 页的薄薄的

小册子马上引起了同行的注意。就是在这本书里，林奈提出了他的植物分类法。从此林奈不断用新的资料补充和修订这本书，30多年以后，本来只有12页的《自然系统》已经变成一本有1327页的巨著，总共修订了12版。

在这本书里，林奈把整个自然分为三界：动物界、植物界和矿物界，并提出了纲、目、属、种的分类方法。在他后来出版的另一本书《瑞典动物志》里，他又把动物分为六个纲，即哺乳纲、鸟纲、两栖纲、鱼纲、昆虫纲和蠕虫纲。

林奈是一个忠实的基督教徒，所以他一开始是坚信物种不变的。但随着各式新种、亚种和变种不断被发现，他也对那个万能的上帝产生了疑惑。因此他说自己的人为分类法"只有在自然体系尚未发现以前才用得着"。

前面说的都是玩活物的玩家，还有玩死物的。死物是啥？就是化石。

在英国南部一个小村庄里，有个乡村医生叫曼特尔（Gideon Mantell，公元1790—1852年）。乡村医生估计和中国当年的赤脚医生差不多。这个曼特尔除了行医，他还有个爱好，就是玩化石，收集化石，是一个顶呱呱的玩家。有一天他去出诊，他的夫人在出门接他的路上，一不小心

在路边发现了一块奇怪的牙齿化石。这可乐坏了曼特尔，他拿着夫人发现的化石仔细地端详，可怎么也看不出这应该属于什么动物。得找个专家鉴定一下，曼特尔心想。找谁呢？当时法国有个很有名的博物学家，那可是个大专家，找他准没错。这么牛的人是谁？他就是居维叶（Georges Cuvier，公元1769 — 1832 年）。

于是曼特尔坐着轮渡渡过英吉利海峡来到法国，他找到了居维叶（不知道出国签证花了这位老兄多少天的时间）。居维叶拿着曼特尔的化石端详起来，这个见多识广的大博物学家居然也从来没见过这样的化石。按说居维叶这么有学问的人应当是很谦虚的，可居维叶暗想，在曼特尔这个无名鼠辈面前说不知道，是不是太栽面儿了？不能说不知道。中国有句古话，智者千虑，必有一失。居维叶犯了一次也许是他一生中最愚蠢的错误，他告诉曼特尔，他拿来的化石只是一种犀牛的牙齿，而且年代不会很久远。也不知这话居维叶是怎么琢磨出来的。

曼特尔半信半疑地离开了法国，回去以后他越琢磨越不对劲，是不是居维叶老头子糊弄我啊？如果不是个玩家，曼特尔可能也就不再追问了，可曼特尔偏偏是个贪玩的大玩家。玩家是世界上最顽强的人，如果哪个游戏没玩出点道道，肯定是不会善罢甘休的。从法国回来以后，曼特尔只要有机会就拿着他的宝贝化石到各个博物馆去比对、研究。两年以后，曼特尔来到伦敦的皇家博物馆，有一个人正在做着一种生活在南美洲的爬行动物的研究，这种爬行动物叫鬣蜥（关于鬣蜥的电影，我们现在还可以在 Discovery 这个节目里看到，那些一群群趴在礁石上晒太阳，长得极端丑陋的怪物就是鬣蜥）。他们一起用曼特尔的化石和鬣蜥的牙齿进行比对，结果让他们大吃一惊，这种化石和鬣蜥的牙齿非常接近，除了更大以外其他几乎是一样的。原来这是一种生活在远古时代和鬣蜥差不多的爬行动物的牙齿。这下把曼特尔高兴坏

了，功夫不负有心人，这个坚持不懈的玩家曼特尔终于有了全新的发现。

曼特尔把他发现的这种远古生物起名叫"鬣蜥的牙齿"。1825 年曼特尔在英国皇家会刊上发了一条简报，于是第一个被人类发现并命名的恐龙就这样被一个玩化石的乡村医生给玩出来了。也有人认为第一个被命名的恐龙是斑龙，斑龙的化石的确是在更早的时候发现的，但当时被认为是巨人的骨头，而且有关的化石标本也丢失了（1824 年一个叫巴克兰的英国地质学家发表了一篇论文，他根据前人的描述把这种巨人的骨头命名为"采石场的大蜥蜴"，就是现在所说的斑龙。他的论文比曼特尔的简报早了不到一年——作者注）。不过无论如何，"鬣蜥的牙齿"是曼特尔自己玩出来的，是独立的发现。现在这种恐龙的中文翻译为禽龙，它的拉丁学名仍然是"鬣蜥的牙齿"。

居维叶虽然在曼特尔这件事上闹了个大笑话，但不能因此就抹杀居维叶的功绩。居维叶确实是一位很棒的博物学家、古生物学家、比较解剖学家和分类学家。不过，居维叶是个很傲慢的法国佬，是上帝忠实的信徒，被人称为生物学界的独裁者。这是为什么呢？

居维叶 1769 年出生在法国东部一个叫蒙贝利亚尔的城市，是个神童，有超强的记忆力，据说 4 岁就会念书，14 岁便考上大学。居维叶在巴黎植物园和拉马克一起做过教授，在巴黎博物馆和国立自然博物馆工作过。后来又当上法兰西学院的教授、法国教育委员会主席、巴黎大学校长、内务部副大臣等等。他生活的年代正好是法国大革命、拿破仑时代和路易十八的王政时期。他还被拿破仑封为勋爵，在如此纷乱的年代他能稳坐钓鱼台，混迹于科学界、教育界和政界，本事可是不小。

居维叶的时代已经发现了大量的古生物化石，他根据现生生物和化石在解剖学上的性质建立了比较解剖学，而且玩得很神。据说只要给他一块动物的骨骼化石，根据一系列比较解剖学的判断，他就可以复原出整个动物，而且还真不是瞎忽悠，直到现在古生物学家仍然在使用这个方法。曼特尔也是运用了这个方法确定他找到的化石属于爬行动物。此外，古生物化石的分类也是居维叶首创的，他发现了不同时代化石的埋藏具有明显的区别，如越古老的化石越简单，越年轻的地层生物也越复杂。

不过居维叶是一个坚定的神创论者，他顽固地坚持物种不变的原则，他认为上帝曾经让地球发生过几次大洪水，所以造成不同的地层埋藏着不同的生物化石，他把自己的这种理论称为"灾变论"。而居维叶的灾变论如果脱离上帝那只小手的话，正好为达尔文的进化论提供了非常美妙的证据。

为啥说他是个独裁者呢？这主要是他为了推行自己的灾变论，利用自己的权势对有进化论思想的拉马克等人采取很恶劣的打压甚至人身攻击，使这个伟大的神童在科学史上留下了斑斑劣迹。尽管居维叶在人格上不是一个完美的人，甚至是值得批判的，但居维叶仍然是一个成功的玩家，他的成就是无法磨灭的。

▶ 坚信神创论的人到现在还不断地拿达尔文和他的进化论说事，不过他们说说也好，否则女娲、普罗米修斯还有上帝的创世纪不就都没人信，成个大骗局了，毕竟人的心灵是需要抚慰的。这些事儿神学家来干最靠谱，科学家倒未必能做好。进化论虽然谈不上是最终真理，但解释某些事时还是需要的。

第十五章

玩出来的
进化论

　　人到底是从哪儿冒出来的？那么多奇奇怪怪的动物，如猫和鱼是怎么来的？一句话，生命从哪里来？这个被人类追问了几千年的问题到现在也说不太明白。现在有一种说法——生命来自从太空掉到地球的氨基酸。古人不知道氨基酸，不过他们也有自己的说法。他们说啥呢？各个国家还不太一样，比如，古代的中国人相信人是盘古开天辟地以后，女娲用泥巴做的；古希腊人说天地是太阳神阿波罗造的，人是普罗米修斯造的；相信基督教的人，基本都相信人是上帝一手创造的，因为《圣经·创世纪》上说，上帝用了六天的时间，创造了人和万物，造人那段好像也和泥巴有点关系。不过，盘古、女娲和普罗米修斯还有上帝是不是也应该有个祖先啥的，他们知道用泥巴造人，但他们自己是谁，用啥造的，这事就没人问了。估计问也是白问，继续问下去就没完没了了。所以聪明人就到此为止吧，再问就只有挨揍的份儿了。

　　有个故事，那个写了《上帝之城》和《忏悔录》的大主教奥古斯丁，他对人类的起源也很感兴趣，不过他是通过上帝和《圣经》去研究这事。经过他的研究，他断定：人类是在6000多年前由上帝创造的。有一次他发表了演说，台下一个老太太突然问：那6000年前上帝在干啥呢？奥古斯丁真想杀了这个老太太，不过他忍了忍说：提出这个问题的人应该被送进地狱。

不太爱玩的人有了像上帝这样的说法以后，心里也就踏实了，不再问了。可有一帮人，和奥古斯丁做报告的时候那个台下发问的老太太差不多，他们老觉得这些还是不靠谱，觉着琢磨不透：盘古、女娲、普罗米修斯，还有上帝，谁能证明这些家伙真的造过小人儿呢？要是现在的人就更要问了，他们既然这么强，能用泥巴造小人儿，干吗当初不一块把奔驰车和iPhone也用泥巴捏出来呢？显然不靠谱，一个个大问号总是得不到完美的解释，于是他们便开始玩了，并且一直玩到今天。

第一个玩这个的应该是在第二章说过的古希腊人泰勒斯。他觉得万物不是上帝用泥巴捏出来的，他认为万物源于水。泰勒斯以后的亚里士多德也是相信自己的眼睛胜过相信神灵的人，他认为组成万物的是土、水、气、火。显然，这些说法也不靠谱，不过泰勒斯和亚里士多德的说法和上帝的说法相比多少是有进步的，起码这些玩家不需要上帝或者盘古、女娲这些伟大的神灵来帮忙了。

后来大家发现了一种很奇怪的东西，这个东西给神学家和玩家都带来了惊喜。是什么能把这两拨人都吸引住呢？那就是前面说过的，曼特尔玩的化石。

中国古人早就发现了化石，他们断定这些石头是龙留下的骨头，所以中国古时候把化石叫龙骨，龙骨似乎还可以入药。隋唐时期（公元5世纪）一本叫《雷公炮炙论》的书上对龙骨是公的还是母的都有说法："其骨细文广者是雌，骨粗文狭者是雄。"中国古人太厉害了。

外国人也很早就发现了化石，相信上帝的人觉得这就是《圣经》里说的大洪水的最有力的证据。《圣经·创世纪》里对大洪水的描述是这样的：在大洪水发生以前，上帝告诉诺亚造一条大船，只能带上自己的妻子、儿子和儿媳，并且把所有飞禽走兽都各带两只，带上食物，诺亚照做了，这条大船就是诺亚方舟。然后上帝让大洪水淹死了地上所有的生物，只留下诺亚方舟里的人和动物。而那些化石不就是让大洪水给淹死的动物的吗？美国有个大片《2012》，就有点《创世纪》里大洪水的意思。

对于地球上这些生物，相信神的人会觉得，它们都是神特意创造的，比如，神造猫就是为了抓耗子，造狗就是为了陪漂亮女人玩（这是瞎编的）。这就叫做特创论，总之神就是一切，化石也不例外，而且是最好的证据。

不过还是有人不那么相信大洪水和特创论，他们认为生物是逐渐演化而来的。最早说这事儿的是泰勒斯的弟子阿那克西曼德，他说生命最初是从大海的软泥巴里产生，经过蜕变，就像昆虫的蜕变一样（昆虫会从一种样子变成另外一种样子，如蝴蝶小时候是条大虫子，长大了才变成美丽的蝴蝶），逐渐演化成各种陆地上的动物，而化石就是演化的证据。

不过由于古希腊的科学是缺乏实验证据的，基本属于一种思辨，所以和哲学更接近。古希腊关于生命起源和演化的理论只是一种哲学思辨和理性推测，正像英国科学史家丹皮尔说的那样："像其他许多领域中一样，希腊哲学家所能做到的，只是提出问题，并对问题的解决办法进行一番思辨性的猜测。"但是古希腊的学说和特创论是对立的，他们提出的问题是需要后来的玩家继续用思辨，当然还要加上实验和演绎的方法去解决的。

关于生命的起源和演化，按说应该属于生物学家或者是古生物学家干的事。但很有趣的是，琢磨这些问题并寻找其解决方法的人，最初却不是生物学家，而是一帮爱好地理或者地质的玩家，他们为此奠定了基础，是他们的发现让我们逐渐走进了现代。

16世纪至17世纪，有人在岩石里发现了很多非常微小的琥珀色化石，这些化石像一个个怪模怪样的小牙齿。它们有些是透明的，有些像牙齿一样泛着浅黄色的光亮，所以起名叫牙形石。抱着上帝创造世界想法的人就说，这些非常像牙齿的石头一定是从天上或者月亮上掉下来的，还有人说是从石头里长出来的。

这时，在欧洲大陆最北边的丹麦有一个玩家出现了，他就是被称为地层学之父的斯坦诺（Nicolaus Steno，公元1638—1686年）。斯坦诺是个很有意思的人，他出生在丹麦，后来却一直生活在意大利；他是个医生，却又成为现代地质学的奠基人；他是个科学家，但后来成了主教。

斯坦诺大学毕业以后，他开始在阿姆斯特丹研究解剖，后来到了意大利，在帕多瓦大学当教授，可能是因为他在解剖学方面的名气被佛罗伦萨的费迪南大公看中，当上了大公的私人医生。

那时候大家都对牙形石很好奇，斯坦诺也是其中一个，于是便玩了起来。出于医学和解剖学的知识，他发现这些小化石和鲨鱼的牙齿很像，并且断定这些小牙齿就是古代鲨鱼的牙齿。不过他不太相信上面的那些说法。可牙形石是怎么钻进石头里去的呢？为此他周游了意大利，到处去观察。现在，驴

友们在郊外爬山时，懂点地质学的人就会指着一片红褐色的岩石说，那是侏罗纪的海相沉积岩，说这话的老祖宗就是斯坦诺，因为他猜测，地下的岩石有很多都是经过沉积和结晶以后逐渐形成的。他是第一个认识到地壳里包含着大地演化历史的人，他说，只要细心地研究地层和化石，就可以把这部历史解读出来。这些想法写在了《论固体中自然含有的固体》里，这篇论文也成为地质学诞生的里程碑。不过斯坦诺玩着玩着不玩了，由于受到那个时代宗教思想的束缚，斯坦诺最终还是走上了神学的道路，放弃了科学研究。而且在教会里，他平步青云，成了一位让人尊敬的主教。

岩石是怎么形成的和生命从哪里来有啥关系呢？关系很大，知道了这些以后，玩家们发现，地球的历史比神学家说的要长，而且长了不是一星半点儿，绝不是几千年、几万年，而可能是几十万年、几千万年，最后发现是几十亿年。

自从生物演化的问题被古希腊哲学家提出来以后，由于得不到任何证据的支持，所以神学家的神创论、特创论占了上风。不过，沉寂了 2000 年以后，玩家们终于再次看见了曙光，在 18 世纪前后，生物演化的问题又被玩家们从历史的尘埃里提了出来，进化论的端倪出现了。

开始还不是生物学家在玩，而是哲学家，包括笛卡儿、康德、歌德还有黑格尔等人，他们还是从哲学思辨的角度去推测。比如，黑格尔说："变化只能归之于理念本身，因为只有理念才在进化……"太哲学了，太费解了。

为人们开启进化论研究先河的是布丰（Buffon，公元 1707 — 1788 年），他是 18 世纪初一个法国贵族的后代，年轻时因为和情人决斗跑到了英国。在英国，布丰对当时正在兴起的实验科学和牛顿物理学产生了强烈的兴趣，于是他开始玩了。回到法国以后，他用优美的法文翻译了两本英国科学家的著作，把英国当时的科学成就介绍给了法国佬。他后来被任命为皇家植物园园长，从此开始了几十年的植物学研究生涯，并且写出了 44 卷的鸿篇巨著《自然史》。他猜测，地球经历了 7 个发展阶段，生命至少在 4 万年前就出现了，虽然这个猜测并不正确，但他的说法和当时神学家说的几千年差了不少。结果他被神学家警告，说他违背了教义，布丰只好收回自己的说法。不过他不服气，继续玩，只不过是用更隐晦的方法阐述自己的观点。

第一个把进化论玩得像模像样的是拉马克（Jean Baptiste Lamarck，公元 1744 — 1829 年），就是前面说到被居维叶打压的那个人，他倒是一个地道的动物学家。拉马克是一个法国没落贵族家的第 11 个孩子，前面 10 个兄弟姐妹都没活下来，他是唯一一个长大成人的。所以他爸爸妈妈希望他做个牧师，以保证能过上安定的日子。可这小子不喜欢神学，爸爸一去世他就跑去当了兵，当时普鲁士正和法国开战，这小子表现还特英勇，要不是得病，估计能当上法国将军。生病后他只能退役，回到巴黎后谋了个银行的差事。

还有一个故事挺有趣。在银行上班时，拉马克很喜欢画画。有一天下班以后他跑到巴黎的皇家植物园去写生，因为他听说刚从墨西哥运来一种很好看的花——晚香玉，晚香玉的另外一个名字在中国更出名——夜来香。拉马克非常认真地画着，刚画完，突然听到一个人在称赞他的画，他慌忙站起来打了个立正。那人一看："你是军人？""以前是，现在不是了。"问他的这个人就是当时法国著名的大思想家卢梭（Jean–Jacques Rousseau，公元 1712 — 1778 年）。卢梭非常欣赏这个年轻人，在他的举荐下，拉马克进入巴黎皇家植物园工作；在卢梭、植物学家朱西厄（Antoine Laurent de Jussieu，公元 1748 — 1836 年）、布丰的栽培下，他很快也成了一个植物学家，在 34 岁那年他竟然出版了 3 卷本的《法兰西植物志》。拉马克确实是个很牛的玩家。50 岁的时候他补缺当上法国国立自然历史博物馆低等动物学讲座教授，几年后他的巨著《动物学哲学》出版。现在的脊椎动物、无脊椎动物还有生物学这几个词都是拉马克创造的。一个玩植物的一转眼成了个动物学家。

拉马克认为生物有两种倾向推动了进化，一个是自身的进化倾向，一个是自然环境的影响。自身的进化倾向就是用进废退。自然环境的影响叫获得性遗传。最著名的一个例子就是长颈鹿，拉马克认为长颈鹿就是因为老伸着脖子去吃高处的树叶，所以脖子越来越长。

玩家一般比较谨慎，也比较负责任，他们玩出的任何理论，如果在没找

到比较确定的证据之前，是不敢胡说的。不像神学家，神学家一般比较喜欢预言，而且不一定准。就是神学家认为已经发生过的事情，如大洪水和诺亚方舟，到现在也没找到很确定的证据。玩家可不敢这样说话。

进化论的提出就是如此。达尔文（Charles Robert Darwin，公元 1809 —1882 年）是真正提出进化论的人。虽然前辈在地质学或者生物学方面都提供了大量有利于进化论的推测和论证，可他没有马上忽悠这事儿，因为他觉得还没有找到确定的证据。

达尔文从小就是一个淘气的孩子，不好好上学，成天跑到野外去捉虫子，掏鸟窝。他跟着姑父和哥哥到处去骑马打猎或者在树林里溜达，这些经历让他接触到了大自然里许多奇妙而又有趣的事情，而且这种兴趣一发不可收拾。他爸爸想让他学医，中学毕业他便来到爱丁堡大学，可这小子晕血，看不得解剖课上血淋淋的尸体，结果他还是玩去了。

在大学的博物馆他认识了博物学家罗伯特·格兰特博士，从格兰特那里他看到了拉马克等前辈的著作，由此他对生物学大感兴趣，也学到了很多生物学知识。他爸爸看这小子确实不是当医生的料，就又想让他学神学，以后做个牧师，于是把达尔文送到剑桥的三一学院。可这个淘气的家伙对神学照样不感冒，不过在剑桥他又认识了地质学家塞奇威克（Adam Sedgwick，公元 1785—1873 年），他还跟着这位地质学家去英国北部的北威尔士地区搞了一次地质考察，和塞奇威克一起玩又使得达尔文喜欢上了地质学。同时他读到了伟大的旅行家洪堡（Alexander von Humboldt，公元 1769 — 1859 年）的作品《美洲旅行记》，顿时对野外旅行、探险、考察充满了好奇和期待。

好在达尔文的爸爸不差钱，要不这样的孩子长大了肯定没饭吃。可以说，达尔文是个名副其实的"啃老族"。1831 年，达尔文的运气来了，一条叫"贝格尔号"（也翻译为"小犬号"）的军舰准备去美洲进行科学考察，船长需要一位博物学家，经过塞奇威克的举荐，达尔文登上了这条军舰，开始了他 5 年的艰难航行。在这次航行中达尔文是作为一个博物学家参加的，其实，说白了，船长大人就是想找个解闷的人陪他一起玩。像房龙说的："假如达尔文不得不在兰开夏郡的工厂里干活谋生，那他在生物学上就做不出贡献。"

如果达尔文是船上的一个伙夫、水手或者是为这次探险计划绘制南美洲海岸线的地图学家，他也不会玩出进化论。正是由于他只是一个陪船长玩、给船长讲故事的博物学家，所以他可以完全按照自己心中的好奇和兴趣下船去玩。

在这次历时 5 年的航行中，达尔文看到了一个光怪陆离、丰富多彩的世界。他惊讶地看到，同一种生物由于生活地域的不同发生了非常巨大的变化——这难道也是上帝干的？达尔文产生了怀疑：不是上帝，而是拉马克曾经说过的进化。

贝格尔号围着地球整整转了一圈，在这次航行结束 23 年以后，1859 年 11 月 24 日达尔文的巨著《论通过自然选择的物种起源，或生存斗争中最适

者生存》（简称《物种起源》）出版了，敲响了生物进化论的洪钟，震动了全世界。

为什么达尔文在 23 年后才出版这部著作呢？这就是前面说的，达尔文是负责任的。他回到英国以后，并没有忙着去著书立说，而是建立了一个实验场，在实验场，他亲自去做各种育种试验，以证实自己的想法。在他的这部巨著中达尔文首先用"家养状态下的变异"引出"自然状态下的变异"，以及整个进化论，为此他付出了 23 年的时间。如此严谨的人只有玩家。

2009 年，为纪念达尔文以及这本巨著的出版，全球举行了达尔文诞辰 200 周年，《物种起源》发表 150 周年的纪念活动。

贪 玩 的 人 类
写 给 孩 子 的 科 学 史

看了这一章大家可能会很惊讶：地质学竟然是一门如此年轻的科学。当地质科学在西方兴起的时候，另一片广大的土地上却深处在古老传统的禁锢之中，对西方的奇技淫巧毫无兴趣，可西方传来的鸦片（也叫福寿膏），却大受欢迎。

第十六章

漂移的
魏格纳

　　达尔文在《物种起源》发表以后，其实自己心里也是充满不安的。为什么会不安呢？首先，进化论这样一个大胆的理论，不符合上帝创造世界的观念，是对几千年传统无情的颠覆。其次，从科学的角度，即使达尔文做了几十年的调查和实验，也得出很多完全可以证明生物具有进化倾向的证据和数据，但人一生的时间太短暂，几十年的时间不足以把进化这个缓慢的过程说得很清楚。达尔文自己心里很明白，进化是肯定的。但他又问自己，这样一个彻底颠覆特创论的大胆理论，却是由他这个凡夫俗子提出的，人们会相信吗？另外，尽管那时候达尔文已经不再相信上帝了，可亵渎上帝的恶名，他也实在有点承受不起。

　　果然《物种起源》一发表，马上就招来一片骂声。首先是神学家，不过这也是必然的，神学家要是不骂就不正常了。可让达尔文头疼的是，科学界同样也传来了反对他的声音，而且人家并非是无理取闹，他们有着自己的道理。其中最让达尔文陷入困境的问题之一就是地球的年龄。在达尔文以前，已经有人通过岩石的演化尝试着推断地球的年龄，像前面说过的斯坦诺。斯坦诺在玩牙形石时发现了地底下的好多秘密——岩石是一层层堆起来以后形成的。可埋在岩层里的化石到底有多么久远，地球到底多大了、有多少岁，还是没人能说清楚。

从上帝说的几千年到后来玩家说的几十亿年，这个过程是很漫长的。要想在地球的年龄上得到支持进化论的证据，还需要玩地质的玩家给他提供更多的依据。不幸的是，达尔文的时代还做不到这一点。近代的玩家对地球历史秘密的探寻是从斯坦诺开始的，自从他提出了地球像千层饼一样是分层的，也就是地层的看法后，地质学这门学科算是正式进入了人类历史，那是17世纪的事情，当时的中国已经是清朝康熙皇帝的时代。现在，我们都相信地球的年龄是几十亿年，这么长的时间不但足够实现进化的过程，而且足以让进化重复好几遍。只是这个结论是在达尔文去世以后很多年，在20世纪20年代才被玩家们通过岩石的放射性同位素衰变规律证实，并逐渐被大家接受的。

地质学是研究地球的起源、历史和结构的科学。说得通俗点，就是研究咱们脚下的这个大球体是怎么来的，都是啥东西组成的。其实，在真正的地质学出现以前，就有人在玩了，包括好奇的农民伯伯，他们在种地、修理地球的时候就知道哪块田更肥沃，无论是白菜还是稻子，种子播到这块田里肯定会长得不错。所谓肥沃，其实就是指土地里的矿物质含量。不过他们不是地质学家，真正的地质学是从17世纪开始的。

那时的欧洲人开始大量开采煤和各种矿石，把挺好看的山、挺漂亮的草地给搬了家，甚至还挖出一个个大坑。对地球的这种破坏和糟蹋也让大家惊讶地发现，原来地球大地下面还有这么多好玩的东西，不仅有各式稀奇古怪的化石，还包括种类繁多、五花八门的各种岩石和矿石。这可乐坏了玩家们，地质学的玩家们兴奋地玩起来了。

被历史学家称做"地质学的英雄时代"就这样开始了，这个时代的特点是水火不相容。地质学怎么还有水火不相容的事儿呢？一个叫伍德沃德（J. Woodward，公元 1655—1728 年）的英国医生首先提出，地质的变迁不是别的，就是水给弄成这样的，他提出了水成论的观点。他的这个观点其实就是根据《圣经》里大洪水的说法形成的。恰巧当时有人发现在高山上会出现蚌壳、乌贼或者鱼之类的水生生物化石，这可给伍德沃德帮了大忙。他说，高山上之所以会出现鱼的化石，其实就是因为大洪水，是大洪水把这些可怜的鱼给冲上去的。可见上帝玩的大洪水有多大，把山尖都给淹没了。他写了一本书叫《地球自然历史试探》。从这个书名似乎可以看出，这个可爱的医生对自己的看法还算比较谨慎，只是试探一下而已。

伍德沃德的观点虽然是从伟大的《圣经》里找到的灵感，把造成地质变迁的最初原因归结于上帝，但对这个问题他还是认真地观察和思考了。他认为地层是受到大洪水冲击以后沉积而成的，这就是直到今天还一直被承认的地层沉积理论。如今的科学家把地球上的岩石大致分为火成岩、沉积岩和变质岩三大类，其中沉积岩和变质岩都与沉积有关。因此水成论并

200

贪 玩 的 人 类

写 给 孩 子 的 科 学 史

不完全是神学家的预言，还是有根有据的一套理论。

水有了，火在哪儿呢？

是一个英国植物学家点了一把火。这个人叫雷伊。雷伊不同意伍德沃德的说法，他说生物的化石在地层里是按新老秩序不断叠加的，一层一层的岩石不是一次洪水可以办到的，这不符合常理。那一层层的岩石怎么堆起来才符合常理呢？雷伊认为是火山搞的鬼，一次次的火山喷发，熔岩一次次地堆积在地上形成了地层。于是火成论来了。雷伊这把火一点，一场延续了100多年的争论开始了。而且这两种理论看上去都有自己的道理，所以谁都说服不了谁。

除了开矿，还有件事让玩家们得到了全面了解欧洲和周边大陆的机会，

那就是拿破仑在欧洲的征战。从 18 世纪中后期到 19 世纪初的几十年里，拿破仑的军队势不可挡，穿着红色上衣，戴着高筒帽，端着滑膛枪的法国步兵们的战靴几乎踏遍了欧洲以及地中海沿岸所有的地方。拿破仑也喜欢玩，他每次出征都带着很多帮他玩的人，这其中有地质学家、生物学家、天文学家，还有画家。带画家干啥？因为那时候没照相机，画家就是拿破仑的照相机。这些科学家们在作战的同时把各个地方的地貌、地形、动植物分布等信息都记录下来，战争结束以后，这些都成了宝贵的资料。所以在 19 世纪初法国人就可以画出非常准确、详细的地图。这给玩地质的玩家提供了极好的基础资料，起码根据地图找阿尔卑斯山比找羊倌儿问路要准确不少。

另外，发现新大陆以后，像达尔文这样的航海探险家不断出现，他们的新发现，为大家认识和了解我们生活着的这个大球球提供了更加丰富的资料。

开矿、拿破仑的远征军、新大陆及探险家们的新发现，让水火之争更加如火如荼地进行着，火越烧越旺。不过点火的俩人都不是地质学家，所以开始还算不上是正儿八经的理论。那这两个闹得差点要动手打起来的理论又是谁最终玩出来的呢？

水成论的确立是由18世纪德国地质学家维尔纳（Gottlob Werner，公元1749—1817年）完成的。维尔纳是一个很有钱的矿主的儿子，矿主说白了就像现在山西的煤老板。维尔纳是在煤堆和各种矿石堆里长大的，从小就对岩石和各种矿物很熟悉，后来他还真的成了德国一所著名矿业学院的教授，培养了一大批学生。

维尔纳可能更加相信神创论，他继承了伍德沃德的观点。他提出一个假设，那就是整个地球都存在着一个普遍的层系，这个层系就是《圣经》上说的大洪水淹没地球表面以后形成的——维尔纳最终还是跑到上帝那里去找原因。他把岩石形成的过程描述为在水中结晶、沉淀和沉积三个阶段。结晶而成的岩石里没有化石，是最原始的；沉淀形成的岩石里有少量化石；沉积形成的岩石里化石最多。他也承认火山是其中的一种力量，但不是主要的。维尔纳说的看起来十分有道理，再加上他是教授，所以他的学说得到了大多数人的认可，水成论又一次占尽先机。

那火成论跑哪儿去了呢？18世纪火成论的旗手是一个英国地质学家，他叫赫顿（James Hutton，公元1726—1797年）。赫顿是个名副其实的玩家，他本来不是玩地质的，他先在爱丁堡大学学法律，然后又玩医药学、化学，后来又跑去务农。可能是务农经常要和土地和岩石打交道，从40多岁开始，他别的都不玩了，专门玩地质，一玩就是30年。赫顿不但成为火成论的旗手和代言人，还提出了地质演变的均变论学说，这个学说成为现代地质学的基础。

赫顿出生在苏格兰一个富商的家庭，他后来经营的小农场收入也不错，不差钱。除了自己的小农场，他就喜欢玩地质，他用自己辛苦挣来的银子跑遍了苏格兰的山山水水，后来又去荷兰、法国和比利时等地旅行和考察。在对各种岩石进行了认真的考察之后他发现，那些结晶的岩石不像维尔纳说的那样是在水里结晶的，如玄武岩和花岗岩，这些岩石明显是熔化以后冷凝而形成的。熔化只能是来自火山，大洪水显然不行，他觉得水成论有问题，不是因为水，而是因为火，是火山造就了这一切。

什么是均变论呢？维尔纳的学说把地球看成是静止的、永恒的，一切都源于大洪水。可赫顿是个玩家，他不信邪。水成论是从神那里得到启示，地质变化是由于神的力量，也就是超自然的力量。但赫顿要让静止的地球动起来，他认为动起来的力量不是来自神，而是来自自然本身。赫顿继承了雷伊的火成论，并通过自己长时间认真仔细的观察，发现地层由于地球的内力作用，一些地方会抬升起来，一些地方可能会下降，这些变化非常缓慢地，却

是持续不断地在进行着。赫顿有一句至理名言："现在是通往过去的钥匙。"他认为地层的变化，包括维尔纳说的结晶、沉淀、沉积过程，还有化石的形成等，此时此刻仍正在我们的脚底下发生着。

1785 年他的《地质学理论》出版，在这本书里他阐述了造成地质变化的主要动力是地球内部的热量，同时还提出了地质变化是非常缓慢的均变论观点。

不过无论如何，水成论还是比较迎合当时人们都在念的《圣经》，因为那上面说过大洪水的事儿，所以相信水成论的占多数，相信火成论的人并不多。直到 19 世纪初，还是水成论占优——1809 年英国成立了皇家地质学会，其中 13 个会员里只有 1 个是赞成火成论的。

不过又过了不到 20 年，情况变了。首先是塞奇威克，他就是达尔文在剑桥时认识，并且跟着人家去威尔士搞地质考察的那个地质学家。另外还有一个地质学家叫默奇森。他们本来都是赞成水成论的大地质学家，可他们叛变了，站到火成论一边来了。那是为啥呢？原来，他们在考察了英国的地质情况之后发现，水成论确实不太靠谱，很多事情解释不了，而火成论可以。这两个著名地质学家的叛变，顿时让水成论陷入了危机。

还有一个水成论的"叛徒"，他不但背叛了水成论，而且还一下子成为近代地质学的开山鼻祖。这个人就是查理斯·赖尔（Charles Lyell，公元1797—1875年），达尔文的终身挚友。

赖尔是个律师，但是他更喜欢玩地质，所以作为地质学家的他比作为律师的他出名多了。赖尔曾经也是一个水成论的拥护者，牛津大学的一个地质学教授巴克兰曾经带着赖尔多次去野外搞地质调查。当赖尔接触了赫顿的火成论和均变论以后，他的态度发生了改变，并且在后来的实地考察中逐渐接受了赫顿的均变理论。1828年他跑到意大利的西西里岛，对那里著名的埃特纳火山进行了考察，这次考察让他更加相信改变自然的力量是来自多方面的，并且是缓慢变化的，并非一次或者几次大洪水可以造就。几乎在同一时间他又看到了拉马克关于生物的进化学说，几年以后，一部地质学的巨著《地质学原理》出版了。《地质学原理》共3卷，赖尔用非常优美的语言和严谨的逻辑，把各种地质现象都归纳入均变论的体系里。这本书的出版让地质渐变的思想彻底从这个论那个论中解放出来，成为现代地质学研究的开山之作。

达尔文在"贝格尔号"上5年漫长的旅途中，一直带着赖尔的这部著作，并且随时都在阅读。而几十年以后，正是在赖尔一再的催促下，达尔文才最后下决心出版了他的旷世巨著《物种起源》。如今赖尔和达尔文一起都安息在了伦敦著名的西敏寺。

18世纪至19世纪，人们对脚底下这个大球球的认识越来越清楚，地理学家已经可以画出非常准确的世界地图。当一幅世界地图展现在大家面前的时候，你会发现，地球上的大陆被浩瀚的大海分割成许多块儿，各个大陆就像漂在大海上的几片树叶。这引起很多玩家无限的兴趣和想象：大地为什么会是这样的呢？于是关于海陆起源、大陆漂移和板块学说的研究逐渐进入了玩家们的视线。

这其中有一位玩家是值得我们铭记的，他就是德国著名地质学家魏格纳（Alfred Lothar Wegener，公元 1880 — 1930 年）。魏格纳从小就喜欢探险，他早就想去北极，可被老爹阻止，只能老老实实去上学。他学的是气象学，1905 年得到博士学位。当了博士后他便开始去实现儿时的梦想：他先跟弟弟一起玩高空气球，在天上飘了 52 小时，那时候没有吉尼斯，不然肯定创纪录；然后他又参加探险队去格陵兰岛，魏格纳被那里缓慢移动着的巨大冰山震撼了。

让魏格纳成名的却是一件很偶然的事——看世界地图开始的。有一天，魏格纳看着墙上的一张世界地图，估计是在研究气象学中的什么问题。他惊奇地发现，在大西洋的两岸，北部的欧洲大陆和南部的非洲大陆，与大西洋对面南北美洲大陆的轮廓边缘似乎是可以接起来的，尤其是中南美洲的东岸和非洲西岸，简直就像拼图一样，几乎可以严丝合缝地拼起来。这引起了他极大的好奇，他又在一些古生物学的书籍中看到，出现在欧洲、非洲和美洲的古生物也具有很大的相似性。难道这几块大陆以前是连着的？这又让他想起在格陵兰看到的巨大冰山——那些冰山缓慢地，但真的是在一点点地移动着。陆地是不是也会移动呢？就这样，一个让魏格纳玩了 20 年，直到让他为证实自己的理论，在考察途中死在格林兰寒冷冰原上的伟大事业——大陆漂移理论出现了。

在后来的 20 年里，魏格纳对大陆漂移理论做了深入的研究，他从古生物学、地质学以及古气候学等方面收集了大量的证据。1915 年《海陆起源》

出版了。在这本书里魏格纳阐述了漂移的证据，提出了大陆漂移理论。他说："任何人观察南大西洋的两对岸，一定会被巴西与非洲间海岸线轮廓的相似性所吸引住"，"这个现象是关于地壳性质及其内部运动的一个新见解的出发点，这种新见解就叫做大陆漂移说，或简称漂移说。"

魏格纳的理论马上引起了全世界的轰动。不过，魏格纳自己也有一点困惑，那就是漂移的动力来自哪里呢？谁有这么大的力气把地壳拖着满处跑呢？这个困惑也是当时所有其他地质学家用来攻击魏格纳的证据。1926年在美国召开了一次由14位著名地质学家参加的关于大陆漂移理论的讨论会，大家为此争论不休，最后不得不用投票的方式，结果，其中只有5位地质学家赞成这个理论，其他人都投了反对票和弃权票。

玩家是世界上最顽强的人，从不屈服！为了证实自己的理论，魏格纳再次踏上了征途，他又两次来到格陵兰。他发现，格陵兰至今还有漂移运动，并且测定出每年的漂移速度是1米。1930年11月2日，魏格纳第四次踏上了格陵兰岛，可这次他太累了，由于疲劳过度，他倒在了格陵兰寒冷的冰原上，再也没有站起来。直到第二年的4月，搜索队才发现了他的遗体。一个地质事业的坚定玩家就这样去世了。

又过了大约30年，地球科学有了更长足的进步，人们找到了大陆漂移的动

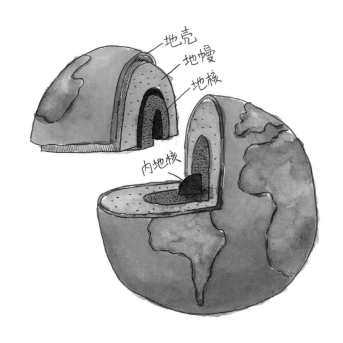

力——地幔内部的热对流。热对流不但有足够大的力气拖着陆地满处跑，产生漂移，同时还产生了大陆板块。

中国有句老话，叫上知天文，下知地理。听起来地质学似乎是一门很古老的科学，可是看完这一章，大家可能才发现，地质学却是一门如此年轻的科学。从斯坦诺玩牙形石开始，到现在也不过 300 多年，而在这段不是很长的时间里，却有着如此众多的玩家在对我们脚底下的大球球进行着艰难的探索。18 世纪至 19 世纪是地质学最辉煌的时代，而那时，我们中国却正在享受着福寿膏（鸦片烟）带来的"乐趣"，几乎完全不知道地球的那边正在发生着什么。

▶ 每项科学发现的产生都是在一代一代玩家不断地努力下得到的。即便如此，有些科学发现不一定马上就会得到大伙儿的认可，甚至都没人知道。不过，只要是真理，就算当时没有人接受，甚至不知道也没关系，历史总会做出公正的评价，孟德尔的发现就经历了这样一个充满波折的过程。

第十七章

玩豌豆的孟德尔

前文说过当年让达尔文感到非常头疼的问题是地球的年龄，这个问题后来被地质学家解决了。

除了地球的年龄，还有一个让达尔文不能安心的问题，这个问题是由玩遗传学的玩家提出来的，而且这个问题对于达尔文的进化论更加致命。

达尔文认为，生物的进化依赖物种的遗传和变异，而且达尔文更注重变异。他认为造成物种变异的原因就是生物对自然环境的适应，最著名的例子就是"达尔文燕"。1835 年"贝格尔号"到达太平洋上的加拉帕戈斯群岛，这个群岛在赤道附近，由许多大大小小的岛屿组成。由于每个岛的地理状况不同，动植物分布也有差别。达尔文在那里看到一种小鸟——燕雀。他发现生活在不同岛屿上的燕雀的嘴（喙）长得不一样，嘴的大小和这个岛上可以吃到的食物有关，比如，要是这个岛上的植物会结出比较大的果实，燕雀的嘴就长得很大；而另一个岛上没有果子只有虫子，燕雀的嘴就长得完全不一样了。他发现随着环境的不同，鸟的小嘴发生了明显的变化。这个发现是达尔文产生进化论思想很重要的原因之一，也就是我们现在说的"物竞天择，适者生存"的起源。在发表《物种起源》之前，达尔文为此做了很多实验和考察，主要是对人类驯养的动植物进行观察，比如，花或者小狗，只不过这些被驯养的动植物是按照人类的意志在选择和变异。

变异如果想一代代地传下去，就要依靠遗传了。但是遗传真的可以做到把由于食物，或者环境的不同而发生的变异传给后代吗？现在大家都知道是可以的，可那时候还不知道，不仅如此，当时还有另外一种遗传理论，叫做"杂交的湮没效应"。这个观点提出了这样的质疑：假如变异是能被遗传下去的，那怎么才能遗传下去呢？一个发生变异的个体和没有发生变异的同类之间交配，变异会不会被消灭掉呢？达尔文还真回答不了这个问题，所以他感到了压力。

在 20 世纪以前，虽然生物科学已经有了很大的发展，如细胞学、胚胎学还有生理学等。玩家们有了显微镜，似乎啥都可以看见了，但是唯独玩遗传学的还很少。所以弄得达尔文自己都不断责问自己：进化论是不是提出得太草率了？

那啥叫遗传呢？遗传（heredity）按照《简明不列颠百科全书》的解释是："导致亲子间性状相似的种种生物过程的总称。"啥意思？没看懂！其实就是爸爸和妈妈跟他们的孩子（亲子）之间很多非常相似的特征（性状相似），比如，脸蛋长得像老爹，手长得像妈妈等，造成这些相似的生物过程就是遗传。最说明问题的例子就是：一位可爱的太太生了个大胖小子，结果医生给抱错了，怎么办？做亲子鉴定啊。亲子鉴定以前是用血型，现在可以用遗传基因 DNA 来做，而且肯定不会忽悠人。无论血型或者 DNA 都是运用了遗传的原理。

在很古老的时代就已经有人对遗传的事情感到好奇，并且开始玩了。比如亚里士多德就说过，性状的遗传是靠血液完成的，他还说精液就是纯化了的血液。咋啥事儿古希腊都有人玩啊？古希腊人也太厉害了！不过古希腊人只是提出了问题，并没有搞明白到底是怎么回事，精液对于遗传确实起着很

重要的作用，可哪里是什么纯化的血液，根本就是两码事。

现代的遗传学（Genetics）属于生物科学的范畴，按照《简明不列颠百科全书》的解释是："研究基因的传递及其作用方式的生物学分支。"

不过在真正的生物学出现以前，遗传学就像亚里士多德说的那样，基本是属于不靠谱的瞎猜。但无论如何生物学是人类最早能叫做科学的一门学问。因为我们要吃东西，人又不像植物，可以直接把无机的物质，如金属或者其他元素变成能填饱肚子的营养。人必须吃蛋白质、脂肪还有淀粉之类的所谓有机食物才能活下去，所以"面朝黄土背朝天"地种庄稼，以及抡着大棍子去打野兽的事儿，都是为了解决肚子的问题。在种地以及和野兽玩死亡游戏的时候，有些好奇和爱玩的人就开始琢磨这些植物和动物，这种好奇和玩就是生物学的老祖宗。

经过 2000 多年玩家不断地探索，再加上各种技术的发展，如 X 射线和显微镜让玩家能更清楚地看到生物的细节，生物学也就变得越来越好玩了。

人类最早对生命现象的描述应该是由前面说过的泰勒斯、他的学生阿那克西曼德、亚里士多德等古希腊的玩家们做出的。他们出于好奇，对各种生命现象做了很多观察，并以他们当时可以做出的判断得出了一些结论。那时他们很想寻找生命的本源，也就是生命出现的终极原因。中世纪神来了，于是生命毫无悬念地成为神创造的玩意儿——原来生命的终极原因在神那里。后来不太相信神的人又开始玩，他们发现终极原因并不那么重要，亚里士多德当年说过的分类似乎更好玩，而且他们发现了比亚老先生说过的种类更多的生物，于是就去玩分类和解剖，比如，蜘蛛和猫分别是属于什么纲、什么目、什么属、什么种；对一只狐狸进行解剖就可以研究狐狸的器官和骨骼，看看它为什么能这么狡猾——夜里偷鸡的时候居然没有被人发现。这些在当时被叫做博物学。

把博物学变成生物学这门学科的标志应该是植物和动物细胞的发现。最早用显微镜看见细胞并且为其命名的是 17 世纪英国一个叫罗伯特·胡克（Robert Hooke，公元 1635 — 1703 年）的人，他喜欢玩显微镜。不过那时候的显微镜和现在的根本不一样，其实只是把一个放大镜安放在一个架子上，通过带放大镜的架子去看一些小东西。胡克利用显微镜发现，做瓶塞的木栓里有蜂窝状的结构。他把这些蜂窝起名叫细胞（cell），这个词来自拉丁文的"小房间"（cellula）。可胡克并没有搞清这些小房间是咋回事。大约 200 年以后，另外两个德国玩家施莱登（Matthias Jakob Schleiden，公元 1804 — 1881 年）和施旺（Theodor Schwann，公元 1810 — 1882 年）用更先进的显微镜把这些"小房间"里的事情基本搞清楚了，并提出细胞是植物和动物最基本的生命单位。

不过玩家们玩着玩着，又发现许多更好玩的事情，比如，青蛙是咋弄出一堆蝌蚪，或者我们吃下去的牛肉馅饼是咋消化的等。这些就是现代生物学要研究的事情。据说现代生物学的鼻祖应该算到一个德国神父斯帕兰扎尼（L. Spallanzani，公元1729 —1799 年）的身上。他玩得也确实很地道，他是世界上第一个玩人工授精和消化实验的人，他先用鸟做实验，把一个装了肉的金属笼让鹰吞下去，过一段时间取出来发现肉没了。这还不过瘾，他开始用自己做实验，他吞下一个包着面包的布袋，23 小时以后取出来，面包也不见了。他用这些差点把自己噎死的实验证明了胃的消化功能。他玩这些事都是在 1799 年以前，因为他死于 1799 年。

有点跑题了，回到遗传上来。

第一个去研究遗传到底是咋回事的应该是前面说过的拉马克，拉马克提出了自身的进化倾向和获得性遗传的理论——用进废退，还讲述长颈鹿脖子越长越长的故事。达尔文比较赞成他的理论，在他的《物种起源》里曾多次提到。达尔文很赞成变异就是依靠获得性遗传才成功传给下一代的说法。

不过拉马克主要是用解剖和观察的方法去研究生物的遗传，所以在遗传学领域除了获得性遗传，再没玩出什么新玩意。但是从他那里玩家们看到了进化思想的曙光。

　　遗传与交配或杂交有关，这个拉马克没研究过，不过好在有人研究。有一个瑞士的药剂师，叫让－安托尼·克拉东（Jean-Antoine Colladon，公元 1755 — 1830 年），在 1820 年做了一些白老鼠和灰老鼠的杂交实验。为啥用老鼠做实验不用其他小动物呢，如小猫和小狗？估计是因为老鼠生孩子比较频繁，一个月就能生一窝小崽子。所以直到现在，科学家还是喜欢用老鼠做实验，这事儿也不知是不是从克拉东开始的。一位现代的科学家罗斯唐对克拉东玩的这些事儿评价说：“这些产生非凡影响的实验给动物遗传学引进了一个‘设备’，这个设备后来得到大量和富有成果的应用。”他说的设备估计就是指用来做实验的老鼠们。

　　克拉东在实验时发现了一些很有趣的现象，例如，杂交以后，会出现整窝的小老鼠都是白的或者都是灰的，而且这种情况可以维持好几代。于是，遗传学初现端倪。

　　其实杂交会对生物造成某些改变的事儿，老早以前就已经被大家所了解：为了得到更高产的稻种、更大更甜的苹果，或者是更有力气的牲口，人

类早就学会利用嫁接和杂交了。但无论果树的嫁接或者牲口的杂交，人们只知道下一代会咋样，再下一代会怎样就不太清楚了，而且好像什么可能性都有，似乎没有什么规律可循。

那么，遗传到底有没有规律？这个问题就需要更大的玩家来回答了。

当达尔文正在为自己的进化论感到郁闷的时候，在英国的东南边——奥地利的一个修道院里，一个人正在默默无闻地玩着一些事情。他的名字叫孟德尔（Gregor Johann Mendel，公元 1822 — 1884 年），他正在玩豌豆。

孟德尔出身贫寒，父母是很穷的农民，估计是贫农，因此孟德尔小时候没有受到什么正规的教育，只是在教会学校学习了一些神学。不过农村的生活让他看到了很多不同的植物。田野里的庄稼、蔬菜和花园里绚丽的花朵十分吸引他。长大以后为了生存他进了家乡的修道院，成为一个虔诚的修士。孟德尔天资聪慧，又十分好学，修道院也觉得这小子不错，于是把他送到首都维也纳大学去读书。修道院还真是没看走眼，维也纳大学关于自然科学的学习让孟德尔如虎添翼。30 多岁的孟德尔又回到家乡的修道院，并在一个学校当老师。

在修道院做修士和当老师期间，孟德尔花了很长时间做豌豆的杂交实验。为啥要拿豌豆做实验呢？估计奥地利人比较喜欢吃豌豆（大家也都喜欢吃），开始时他准是想通过杂交培育出一种既好吃又高产的豌豆品种，以造福家乡。可几年下来，另外一些事情却更加吸引了他。那就是杂交以后豌豆出现的不同结果似乎暗含着某种规律，这让孟德尔大为兴奋，他想把这个规律找出来。于是，一代遗传学大师、一个伟大的玩家，就在豌豆田里产生了。

孟德尔用了 30 多种不同品种的豌豆进行杂交实验，其中有矮种和高种，白皮和灰皮，果实是光滑的和皱皮的等。豌豆是一种自花授粉的植物，所谓自花授粉就是指雄性的花粉和雌性的花蕊长在同一朵花上，花粉落在自家的

雌蕊上，授粉（动物叫交配，植物就是授粉）便宣告完成。所以不同种类的豌豆之间通过自然界几乎是不会杂交的，可以说豌豆是一种非常稳定的植物种类（看来选择拿豌豆做实验不光是因为好吃）。可孟德尔偏偏把不同种类的豌豆人为地进行杂交，就是想看看到底会出现什么怪事情。

豌豆的成熟期是一年，要想看到杂交的结果必须等待一年，这需要极大的耐心，如果不是对这件事充满了好奇和兴趣，谁没事去玩这个？这件事没人逼着他去干，完全是他自己想玩，就这样，孟德尔在默默的工作中度过了8年的时间。

经过8年的精心实验和比对、统计，实验结果让孟德尔发现，遗传竟然是有规律的。于是孟德尔在培养新种豌豆造福家乡的初衷上，出炉了一篇对整个人类的科学都具有划时代意义的实验报告——《植物杂交实验》（1865年）。在这篇报告里，孟德尔总结了自己的实验，提出了被后世称之为"孟德尔定律"的两个遗传学定律。

其实，孟德尔的最大贡献在于他将统计学引入了生物遗传学，就像伽利略和牛顿把数学引入物理学一样。这么一来，看似无法预测的结果，通过概率计算和统计分析，玩家们就可以得到正确的判断。丹皮尔这样评价孟德尔："孟德尔的发现的本质在于它揭示出，在遗传里，有某些特征可以看做是不可分割的和显然不变的单元，这样就把原子和量子的概念带到生物学中来……从物理学近来的趋势来看，这是饶富兴趣的事，因为这一理论把生物的特性化为原子式的单元，而且这些单元的出现与组合又为概率定律所支配。单个机体内孟德尔单元的出现，正如单个原子或电子的运动，是我们不能预测的。但我们可以计算其所具的概率，因此，按大数目平均来说，我们的预言可以得到证实。"

孟德尔另一个可贵的贡献是，他的遗传学定律为达尔文的进化论提供了强有力的支持。孟德尔的工作被后人称为是与细胞的发现和达尔文的《物种起源》可以相提并论的杰作。

不过对于这些美好的赞誉可怜的孟德尔自己并不知道，默默无闻的孟德尔把自己的实验报告在当时的一个博物学会上宣读以后，没有引起多少人的注意。虽然那些博物学家们也一个个满腹经纶，可对孟德尔云里雾里的数学描述几乎都没听懂。后来他又把实验报告寄给了当时非常著名的植物学家——德国的耐格里。耐格里也不懂数学，结果只草草看了一遍孟德尔的报告，根本没在意。自己多年实验的结果如此悲惨，弄得孟德尔非常灰心。不过他命好，1868 年被任命为修道院院长，当官了。当官以后他也没有闲工夫去玩遗传实验，就这样孟德尔的伟大发现被湮没在了一群不懂数学的玩家手里。

直到 1900 年，有 3 个生物学家几乎在同时发表文章声称自己独立发现了遗传定律。当出版机构在核查文献时，偶然发现，在 35 年前，有个叫孟德尔的修士早就有关于遗传定律的详细报告，这时候孟德尔才被大家重新发现，从此遗传学也走上了更加辉煌的道路。

▶ 人类如今已经实现飞上蓝天、冲出大气层的梦想。我们要感谢那些具有超越时代想象力、创造力和顽强精神的玩家，是这些极为普通的，甚至在当时并不受人待见的玩家让人类梦想成真。

第十八章

玩出来的
飞机和火箭

2009 年 10 月 1 日，在庆祝中华人民共和国成立 60 周年的盛大阅兵式上，威武的代表不同军兵种的飞行方阵从天安门上空飞过，其中有歼击机、轰炸机、空中加油机、预警机、直升机等各种机型。

坐飞机现在对于大家来说已经习以为常，尤其是坐在舷窗边俯瞰身下美丽大地的感觉，那叫一个爽。

除了飞机还有火箭。1977 年 9 月 5 日，在美国佛罗里达州的卡纳维拉尔角，一枚巨大的火箭腾空而起，这枚取名叫泰坦号的火箭搭载着一个 800 多千克重的小东西——"旅行者 1 号"无人探测器飞出地球，奔向遥远的星际空间。1979 年它拜访了木星，1980 年拜访了土星，30 多年过去了，它还在继续往前飞。如今科学家仍然可以通过微弱的电波知道这个小东西的位置，它现在距离太阳 140 亿千米，已经到达太阳系的边缘，并且正以每秒 17.2 千米的速度向太阳系以外的蛇夫座方向飞去，据说几万年以后会和一颗编号为 AC+793888 的恒星擦肩而过。此外，如今的太空旅行也成了一种赚钱的买卖，已经有好几个有钱人实现了自己的太空旅行梦。

飞翔自古以来就是人类的梦。

每当我们看着翱翔在天空的雄鹰，或者院子外面树林子里自由自在、飞来飞去的小麻雀，大家都会对这些会飞的生灵感到非常的羡慕。远古时代的人和我们一样，他们也非常羡慕这些会飞的家伙。而且古人对它们的羡慕可以说到了非常敬畏的地步，已经不是羡慕，而是崇拜。古人把一些会飞翔的动物作为图腾来祭拜。例如，古代的匈奴人、契丹人和女真人都崇拜鹰，傣族人崇拜孔雀。西方人也特别崇拜鹰，这种崇拜甚至延续到了今天，如现在西方不少国家的国徽上有鹰的图像。

另外人们对天上闪烁的星星，还有那个挂在天幕上，讲述着阴晴圆缺故事的月亮也充满了好奇。大家都很想知道小星星和月亮上到底是个啥样子，是不是也和我们周围的世界一样，有花有草，有各种生灵呢？于是对天的崇拜也在人类的记忆中成为千古之谜。

除了对鸟儿和天空的崇拜，人们还特别希望自己也能像鸟儿一样飞起来，甚至飞出地球，去亲眼看看星星和月亮。人类的想象力是非常丰富的，几千年前就有人创作出许多美好的关于飞翔的故事。

在古希腊、古罗马的神话故事中，天使是长着一对翅膀的人，他们可以自由地飞翔在天地之间，为地上的人们传达天神的旨意。不仅有会飞的天使，古希腊的各路神仙玩得更先进，用现代的话说就是玩时空转换。因为这些神仙并没有长翅膀，他们想去哪里，在一瞬间就可以到达，似乎不需要时间这个概念。中国的神话也是玩的这个套路，只是还需要一点点时间。玉皇大帝的各路神将是驾着云在天地间穿梭，孙悟空也要翻个跟头才能飞出十万八千里，还有偷了灵药飞上广寒宫的嫦娥。从因果关系上看，还是中国的玩法比较接近正常的思维，也具有视觉效果。

有些人也许被这些神话故事深深吸引，再加上对飞在天上的各种小鸟实在羡慕得不行，便试着玩起飞翔来了，而且越玩越出彩。就连伽利略小时候也给自己浑身绑上翅膀想试试飞起来的滋味，结果给摔了个鼻青脸肿。

那究竟是谁让人最终可以飞起来的呢？要实现飞的理想，当然需要玩家们丰富的知识，但仅仅凭着知识是完全不行的。实现飞的理想还要靠玩家们超越时代的想象力、创造力和顽强的精神。正是那些具有超越时代精神的、顽强的玩家让我们飞了起来。

地球上会飞的动物有很多，根据古生物学的研究，地球上第一个飞起

来的是昆虫。大约在3亿多年前的石炭纪，第一批昆虫飞了起来，依据是古生物学家发现过约3亿年前蜻蜓翅膀痕迹的化石。第一个飞起来的脊椎动物是2亿多年前的翼龙，是一种会飞的爬行动物，样子有点像蝙蝠。翼龙是中生代空中的霸主，白垩纪最可怕的霸王龙因为没有空中优势都不是它们的敌手。现在翅膀上长着羽毛飞在天上的老鹰和麻雀属于鸟类。另外，在辽宁北票发现的中华龙鸟化石，据说是现代鸟类的祖先，从这块化石中的鸟还在飞的时候算起，到现在已经有1亿4000万年。

开始人们对会飞的生灵很好奇，但经过仔细地观察，人们发现鸟不就是长了一对翅膀吗？只要有翅膀我也可以飞！可真的没长咋办？没长不要紧，安一对嘛。于是就有人模仿鸟儿，安上翅膀想试试，和伽利略一样。这个实验注定是要失败的，因为人的个头太大，起码也1米多高，按鸟儿的比例无论是自己长翅膀还是安上一对翅膀，都要弄一对3米多长的翅膀才有可能飞起来，这么大的翅膀会让人的胳膊都动弹不了，不摔下来才怪呢。

不过这也难不倒玩家，自己飞不行，那就另想办法，于是有人想到会飞的飞行器。第一个飞行器应该是咱们中国的孔明灯，如果这个名字就是当时开始叫的，那么很可能就是三国时期的诸葛亮（公元181—234年）发

第十八章　玩出来的飞机和火箭

明的。孔明灯是利用空气受热会上升的现象造出来的。空气受热上升孔明咋知道呢？这在当时却应该算是个非常容易了解的现象，因为烟囱里的烟肯定是往上冒，炖肉的时候热气也是一个劲儿地往上冒。1783 年两个法国人终于玩出了热气球，人类第一次成功地把人带上了天空。孔明灯和热气球是利用热气比空气要轻一些的原理。可有一些玩家，他们想让比空气要重的飞行器能飞上天。热气球上天后经过将近 200 年，两个美国佬，莱特兄弟终于把一架比空气重的飞机弄上了天。从此，飞机的历史开始了，于是也就有了国庆 60 周年阅兵式上威武的飞行编队。

莱特兄弟造飞机的故事大家都比较熟悉，有个他们小时候的故事也许听过的人不多。有一年冬天，下了一场大雪，莱特兄弟家城外的山坡上已经成了白茫茫的一片。兄弟俩站那里看着正在欢笑着玩雪橇的小朋友们。弟弟说："我也想滑雪橇。""可惜爸爸老是不在家，我们没有雪橇。""那我们不能自己做雪橇吗？""是啊，我们可以自己做啊！"弟弟的话提醒了哥哥，于是兄弟俩回到家里，把这个想法告诉了妈妈。妈妈说，好啊，我们一起做。孩子们高兴极了，准备做好雪橇去和其他小朋友比赛。

妈妈带着两个孩子来到爸爸的工作室，莱特兄弟的爸爸是一个木匠，这个工作室也是兄弟俩的乐园。来到工作室两兄弟马上忙开了，准备大干一场。妈妈见状说，做事之前先要制订好计划，还要画一张雪橇的草图，不能糊里糊涂蛮干。妈妈量了孩子的身高，然后根据身高画了一张草图。兄弟俩又奇怪了："妈妈，您为什么把雪橇画得这么矮呢，其他小朋友的雪橇都比这个高啊？"妈妈告诉他们，矮矮的雪橇能减小风的阻力，速度会更快，这样你们才会赢啊！这个故事说明父母良好的教导对孩子是多么的重要。

玩家从学着鸟儿飞到造出飞机，经历了很长的时间。可这些飞行器都是飞在空气中，没有空气飞机就歇菜了。要想和嫦娥一样飞到月亮上去，飞行

器还得改进，这样的飞行器是另外一拨玩家玩出来的。

飞出地球的梦想在人们对地球有比较清楚的认识以前——尤其是牛顿的万有引力定律出现之前，只能是凭空想象。所以中国关于嫦娥的故事，欧洲人相信耶路撒冷的锡安山就是通往天国的天梯等，都只是美好的想象。

要想飞出地球，首先要有一个能达到相当速度的飞行器，这个速度起码是每秒 8000 米，是音速的 24 倍多。为啥要这么快呢？这是因为在地球的引力下，只有这么快才可以逃离地球。想飞出地球确实是件非常困难的事儿，不过还是有人想实现自己的梦想。开始这些玩家只是想象，比如，法国的儒勒·凡尔纳（Jules Verne，公元 1828 — 1905 年）写过两部飞向月球的小说，鲁迅先生还翻译了其中的《月界旅行》。更有意思的是，这个科幻作家在他的《从地球到月球》这篇小说里描述的飞弹发射场，竟然和现在美国的肯尼迪航天中心几乎在同一个位置上。还有一位英国作家赫伯特·乔治·威尔斯

（Herbert George Wells，公元 1866 — 1946 年）也写过关于飞出地球的科幻小说，而且他在《隐身人》里描述的那个透明人是当年很多小孩子非常羡慕的人物。

不过有一个人还真的凭着想象以及来自前辈的知识，研究出了可以让人类飞出地球的理论，为后来的航天飞行奠定了基础，这个人就是被称为俄国航天之父的，一位普通的中学老师康斯坦丁·齐奥尔科夫斯基（Konstantin E. Tsiolkovski，公元 1857 — 1935 年）。

这个普通而又神奇的齐奥尔科夫斯基小时候是个病猫，身体很不好，耳朵也不好使，所以没上几年学就辍学了。不过，他家还算有钱，属于中产阶级，所以一直到 16 岁都是他妈妈在家教他学习。后来齐奥尔科夫斯基成为他的家乡——莫斯科南边偏僻的乡村里一所中学的数学老师。

齐奥尔科夫斯基是一位非常慈祥的老师，孩子们都非常喜欢他。在中学教书的几十年里，齐奥尔科夫斯基除了和孩子们玩，教他们数学和其他知识以外，便一心一意地琢磨各种关于飞行的事情。飞机是在空气中飞行，要想飞出地球还要解决其他几个非常要命的问题：一个是没有空气怎么飞；另一个问题是多快的速度才能飞出去。19 世纪人们对地球的了解已经比较清楚了，砸了牛顿一下的苹果已经让大家知道地球是具有强大引力的，在引力的吸引下想逃出去很不容易。此外人们也已经知道地球以外的宇宙空间没有空气。不过这事难不倒贪玩的人类，科学家的理论和科幻作家的作品让齐奥尔科夫斯基看到了希望。齐奥尔科夫斯基认真研究了牛顿万有引力定律和第三定律（作用力与反作用力定律），1903 年他的一部著作《利用反作用力设施探索宇宙空间》发表了，在这本书里齐奥尔科夫斯基首先提出了利用液氧和液氢作为燃料的多级火箭的理论，他还计算出进入地球轨道的速度是每秒 8000 米。这其实就是我们现在所有航天学和火箭理论的基础。可齐奥尔科

夫斯基当时只是一个中学老师，他没有钱也没有能力真的去做这些事，所以书是写了不少，就是没有一样去亲自实践过。齐奥尔科夫斯基有一句名言："地球是人类的摇篮，但人类不可能永远生活在摇篮里。"他的理想在20多年以后实现了。

　　齐奥尔科夫斯基没玩，在大西洋的另一边，却有美国人真的在玩，他就是美国的大玩家戈达德(Robert Hutchings Goddard，公元1882—1945年)。戈达德是一位大学教授，他年轻的时候看过威尔斯的科幻小说《星际战争》，这个故事让戈达德兴奋极了，他也想尝试一下星际战争的味道。可怎么才能跑进那个星际空间去呢？提出这个问题在当时简直就和疯子说梦话差不多，因为那时候飞机刚刚发明没几天，想飞出地球简直是做梦。所以，戈达德这个超越时代的玩家，根本不受待见。不过他超级顽强，还有一个好爸爸，他爸爸精通机械制造，受老爸的影响戈达德也不差，不管人家怎么说，他开始动手了。

那时候虽然齐奥尔科夫斯基的理论已经发表，可戈达德没看见，他是凭着自己的本事在玩。他也同样琢磨出多级火箭以及用氧气和氢气做燃料的方法。不过，这家伙太玩命，玩着玩着生病了。到医院一检查，发现他和他妈妈一样得了肺结核，医生宣布他还能活两个星期。不过也许是老天爷觉得不能让这个玩家那么快就死了，两个星期以后他居然可以继续玩下去。1926年3月16日是个非常特别的日子，那天在美国马萨诸塞州的一片雪地上，一枚火箭射向蓝天，虽然这枚火箭还没有二踢脚飞的那么高，可那是世界上第一枚液体燃料火箭。这次发射让玩家们终于找到飞出地球的真正办法了。戈达德被公认为现代火箭技术之父，为纪念这个顽强的玩家，美国国家航空航天局的主要基地被命名为戈达德航天中心。

如今我们中国造的战斗机、轰炸机还有民航飞机都已经翱翔在蓝天上；中国造的嫦娥一号也飞翔在月球的上空，我们的航天员也已经走出太空舱，迈出了走向太空的第一步。不过，我们这些伟大的成就一定不能成为骄傲的资本。回过头去看一看，我们会非常惊讶地发现：1903年，在俄国那个偏僻的小村庄里，当中学老师齐奥尔科夫斯基正在油灯下研究怎么才能走出摇篮，飞向更广阔宇宙的时候，我们中国却还是大清王朝叫做光绪二十九年的时代，那一年在北京正阳门的东侧刚刚建立起一个建筑——京奉铁路正阳门东站。那时中国的老百姓还拖着大辫子，穿着马褂，也许正伸着脖子挤在菜市口路边，胆战心惊地看着被杀头的革命党人。所幸的是在那个时代把我们中国带进科学的许多玩家已经出生，是他们让中国最终摆脱了愚昧。但他们是如何让我们摆脱愚昧的，而我们又为什么会比人家晚了这么多，则需要今天的中国人去深思和反省。

▶　　贪玩的玩家们在过去的 2000 多年里，只是像小鸟天生爱唱歌一样，挖空心思地去探索自然和宇宙的秘密。自从科学渐渐成为人们生活不可缺少的东西以后，玩家的命运开始改变了。这种改变不仅仅是因为玩家很能干，还在于人们对知识的尊重。

第十九章

会玩
也会赚钱

17 世纪以前，玩家们无论玩什么，基本都是为满足自己心中的好奇，还没人是完全出于要造福人类、为人类谋幸福这样实用的目的。比如，哥白尼研究天体，提出日心说，完全是由于他的好奇，他通过仔细观察发现地球并不像亚里士多德或者托勒密说的那样是宇宙的中心；还有伽利略研究两个不同重量的球到底哪个先落地，那是因为他对亚里士多德当年说的存有怀疑；包括牛顿研究万有引力，也没想到后来会用这个定律找到那颗遥远的海王星。总之，这些玩家无论玩什么花样都没有太实用的目的。就像开普勒在 400 多年前说的那样："我们并没有问鸟儿唱歌有什么目的，因为唱歌是它们的乐趣，它们生来就是要唱歌的。同样的道理，我们也不应该问人类为什么要挖空心思去探索天国的秘密……自然现象之所以这样千差万别，天国里的宝藏之所以这样丰富多彩，完全是为了不使人的头脑缺乏新鲜的营养。"玩家基本是属于缺乏营养的、浪漫的空想主义者。

不过从 18 世纪开始，一切都不一样了。

在我们大清帝国的乾隆年间，英国发生了一场革命——工业革命。1736 年，北京的紫禁城正在举行隆重的乾隆皇帝登基大典的时候，在几万千米以外英国的一个小村庄里，一个孩子呱呱坠地，他就是点燃英国工业革命火种的发

明家瓦特（James Watt，公元 1736—1819 年）。前些时候，听收藏家马未都先生讲古董，据他说，乾隆年间是内画鼻烟壶登峰造极的时代。也许正当一位中国的老爷们儿欣赏着刚刚买来的精美的内画鼻烟壶，捏着鼻子美美地吸了一下，打喷嚏过瘾的时候，几万千米以外，有个人正在发明蒸汽机。乾隆皇帝在位的 60 年，也是欧洲进入了工业革命的 60 年。对西方而言，那是一个轰轰烈烈、欣欣向荣的时代，各种各样全新的玩意儿纷纷从玩家的手里出现，那时候的玩家已经不仅仅是为了心中的好奇而玩，他们开始明白科学是可以造福人类的。

工业革命并不是在一夜之间完成的，工业革命的玩家是要给前辈的玩家们鞠躬致谢的。只是前辈的玩家万万没有想到，他们那些因为好奇而想出来的浪漫而又奇妙的定律或者理论，竟然成为工业革命时代玩家们那些非凡发明的奠基石。例如，伽利略在比萨教堂里摸着自己的脉搏发现的摆的等时性，成就了后来瑞士精巧的钟表匠；而他发明的望远镜，当时曾被一些顽固的人视为施了魔法的窥探镜，结果则是让我们可以看到 100 多亿光年以外宇宙绚烂的图像。此外，工业革命时期玩家们的发明，不仅仅是科学的延续，还为许多伟大的玩家带来了数不清的银子，直到今天，一些发明还在造就着一批又一批新的富翁。

历史学家都把蒸汽机的出现作为英国工业革命的开端，如今的"90 后"很可能都不知道蒸汽机是个啥家伙了，因为 2005 年中国的蒸汽机车正式退役。如今在呼伦贝尔满洲里附近的一片草原上，有一个苍凉的景象——蒸汽机车的"坟场"。在落日的余晖中，几十辆巨大的蒸汽机车在那里闪着最后的光亮，这些退役的英雄们将慢慢地在那里腐烂。就是这些即将腐烂的钢铁巨人启动了工业革命的车轮，并带着我们走进了现代。

发明蒸汽机瓦特功不可没，不过传说中瓦特是因为看见开水顶起锅盖从而发明蒸汽机的事应该只是一个杜撰的故事，毕竟他不是蒸汽机的发明人。蒸汽会顶锅盖的事儿，早在古希腊时代就有人玩过，只不过没有任何实用价

贪 玩 的 人 类
写给孩子的科学史

值。蒸汽第一次被人拿来使唤，是炖小鸡的蒸汽锅，也就是我们现在叫高压锅的东东。据说这个东东是个法国工程师发明的，他叫巴本，是英国大物理学家玻意耳（Robert Boyle，公元 1627 — 1691 年）的助手（玻意耳是把原子论从古希腊给淘回来的科学家之一）。巴本发明了第一个高压锅以后，接着玩出了世界上第一个活塞蒸汽机，那是 17 世纪末的事情。不过没几年的工夫，真的蒸汽机就发明了，那叫纽可门蒸汽机，是英国玩家纽可门（Thomas Newcomen，公元 1663 — 1729 年）发明的。而且很快被用在很多地方，大家一阵欢呼。不过纽可门机又笨又危险，经常"罢工"，就在这时候瓦特出现了。

瓦特当时还是格拉斯哥大学里一个穷工友，经常被人家叫去修理纽可门蒸汽机。不过瓦特是谁啊，他一看这机器就觉得不行，于是琢磨开了。瓦特那时候虽然是个大学的工友，可特别好学，喜爱钻研。他爸爸有一个专门制造船上各种小零件的工厂，这小子从小就看着老爹和工人们干活，对机械制造非常感兴趣。他偷偷把工厂里好多工具拿回家去玩。不过他爸爸比较宽容，见他偷了工具也没揍他，而是告诉他，这些归你了，但以后不许再拿大人的东西。不但如此，他爸爸有时还陪着小瓦特一起玩，有这样的父子，成功也就不远了。瓦特的贡献是把纽可门的蒸汽机加上了冷凝器，使本来不是很完美的蒸汽机成为推动世界的原动力。1819 年 8 月 25 日瓦特去世了，在瓦特的讣告中，人们这样赞颂他的发明："它武装了人类，使虚弱无力的双手变得力大无穷，健全了人类的大脑以处理一切难题。"

瓦特不仅发明了蒸汽机的冷凝器，他还有很多很多其他的发明。1785 年他被选入英国

皇家学会，格拉斯哥大学还授予他名誉博士。此外，他还从他的发明专利中获得了巨大的财富，瓦特致富的故事在当时的英国被传为一段佳话。要知道，蒸汽机的出现让世界彻底改变了模样。以前，从山西运一车煤到北京，不但时间长，而且一路上可能要累死好几头驴。有了蒸汽机车，别说一车煤，就是再多也不用再去找驴帮忙了。不过蒸汽机是个污染大户，自从人类明白污染就像洪水猛兽一样可怕的时候，蒸汽机车就纷纷睡觉去了。但无论如何，我们要感谢蒸汽机还有瓦特，就像瓦特讣告上说的，它不仅解放了人类的双手，同时解放了人类处理一切难题的大脑。

蒸汽机发明以后，火车开始满地跑，船也越跑越快。不过玩家们并没有因为有了蒸汽机而去睡大觉，他们玩得更起劲了。加上用石油分馏汽油、柴油等技术的发明，到了19世纪末，戴姆勒（Gottlieb Daimler，公元1834—1900年）获得世界上第一个高速内燃机的专利证书；本茨（Karl Benz，公元1844—1929年）用四轮马车改装的第一辆汽车也开出来了。1926年戴姆勒和本茨的公司合并，直到现在还让人眼红的戴姆勒－奔驰公

司隆重登场了。1892年福特（Henry Ford，公元1863—1947年）也玩出了美国的第一辆汽车。

18世纪至19世纪电学、化学、医药学等学科的发展，让玩家们可以不断玩出各种新花样，现在这些新花样中有很多已经成为我们生活中不可缺少的日常用品，当然这些新玩意儿也让玩家们赚得盆满钵满。全世界玩得最邪乎的美国发明家爱迪生（Thomas Alva Edison，公元1847—1931年）让世界对发明创造有了新的认识。留声机、电灯泡、电影等一共1300多个发明统统是他玩出来的，一辈子能玩出这么多发明的，还真是"前无古人，后无来者"。亨利（Joseph Henry，公元1797—1878年）发明电报机后，莫尔斯（Breese Morse，公元1791—1872年）又发明了电报码，新闻从此真的成了新闻。要是没有电报的话，英国发生的事情，美国的报纸起码要一个星期以后才知道。贝尔（Alexander Graham Bell，公元1847—1922

年）发明电话后，再一次把世界变小。19 世纪末马可尼（Guglielmo Marchese Marconi，公元 1874 — 1937 年）和波波夫（Alexander Stepanovich Popov，公元 1859 — 1906 年）同时发明了无线电报。

要知道，我们现在用的摩托罗拉、诺基亚还有 iPhone，这些已经统治我们生活的东东其实都是由无线电报而来。

化学的进步给世界带来的变化也非同小可。例如，塑料就是我们现代生活不可或缺的一种基本原料，买菜、吃饭、睡觉、装修还有汽车、飞机、手机、电脑、MP3 都离不开塑料。第一种能称之为塑料的是赛璐珞，是由一个美国印刷工人海厄特（John Wesley Hyatt，公元 1837 — 1920 年）玩出来的，并在 1870 年取得该项专利，从此塑料走进人们的生活。还有诺贝尔（Alfred Bernhard Nobel，公元 1833 — 1896 年）的火药，不但能更有效地开采矿石，还可以装到炸弹里，不过无论如何造炸药对和平是极大的威胁。于是诺贝尔基金会成立了，他想用奖励科学的办法赎回炸药造成的所有罪孽。

19 世纪末玩家们也大大地发展了医学，伦琴（Wilhelm Conrad Rontgen，公元 1845 — 1923 年）偶然间从无缘无故曝了光的底片中，发现了 X 射线，X 射线不但成了放射医学的开端，也让原子物理学走向现代。阿司匹林以及各种合成的药物把名不见经传的小作坊拜耳和许多制药厂打造成世界著名的医药公司。而谁也没想到的是，阿司匹林在发明 100 多年以后，医生们又发现了它的新功能。

可是，这些玩家怎么才能赚到钱呢？

18世纪末，随着欧洲许多国家和美国纷纷颁布专利法，对专利进行保护，玩家们不但可以尽情地玩，而且还可以通过专利赚钱了。无数的专利申请像雪片一样飞来。英国1880年至1887年每年授予的专利为3万件，1908年仍然为1.6万件。法国从1880年的6000件增加到1907年的12.6万件。德国从1900年的9000件增加到1910的1.2万件。美国也从1880年的1.4万件上升到1907年的3.6万件。[①]

专利让瓦特、爱迪生、贝尔等人挣了大钱，但是，如果没有专利他们还会赚到钱吗？又是谁发明了专利呢？

专利的英文是patent，其实这个词在拉丁语和英文词典里很早就存在了，拉丁语中这个词的意思是"公开"，而英语中这个词最早的意思是"君主授予的一种权利"。到底这个词是怎样变成了现在的专利呢？

这应该就像古希腊人们尊重那些站在路边唾沫星子乱飞，争论到底是地球转还是太阳转的玩家一样，是从人们对玩家和知识的尊重开始的。

按照《简明不列颠百科全书》上的解释："现代专利的意义主要限于为发明而授予的某些权利。这些权利一般就是在一定期间内对专利对象的制作、利用和处理的独占权。实行这种制度的目的包括：给发明以报偿奖励以刺激发明活动，鼓励将发明公开，使公众能够掌握这种知识；促使发明项目的生产利用。"意大利是最早实行专利制度的地方，1421年，当时意大利的佛罗伦萨共和国发出了全世界记载的第一张专利证书。

假如瓦特没有申请专利，而是把自己发明的技术秘而不宣，会赚到钱吗？

---

①丁建定.世界通史·近代史卷［M］.河南：河南大学出版社，2000.

1885

1876

1879

1837

专利

1877

1810

贪玩的人类
写给孩子的科学史

蒸汽机会成为改变世界的伟大动力吗？肯定是不会的。他如果秘而不宣，蒸汽机不会成为改变世界的原动力，也许只是他们家院子里织布机的动力，除了能给自家赚点吃喝钱，这个大怪物估计不会有啥大用处。而他如果只顾了自己赚钱，成天忙着开机器织布或者修理机器，他也就没时间去玩其他的发明了。

很难想象，全世界只有爱迪生一家点着电灯泡，而其他人都还点着油灯的情形。发明家申请了专利后，蒸汽机和灯泡不但成了改变世界的动力和照亮夜晚的明灯，也为瓦特和爱迪生赚到了更多的钱。因为他们的专利一经公布，任何一个希望用这个专利的人或工厂都可以使用，条件是要付一定数量的专利费，发明家从专利费中得到利益。这样看起来似乎那些付专利费的人是傻子，但就是这些"傻子"让整个世界享受到了瓦特和爱迪生的发明所带来的巨大的社会进步。不仅如此，瓦特和爱迪生把从专利赚到的钱继续用来做更多的发明，不但发明了更多的玩意儿，并且还为后来的玩家奠定了基础。

这样的事情似乎在当时的中国是不被传统接受的，中国人的习惯是把自己玩出来的一些东西秘而不宣，或者只传子不传女，如神医的秘方、铁匠绝妙的经验、各种葵花宝典里的秘笈等。秘而不宣倒也罢了，但只传子不传女可就有点惨了，万一哪位受了真传的儿子没生小子只生了一堆丫头，于是好不容易传了好几代的秘笈也只能从此销声匿迹了。更可怕的是，没人尊重知识，还有谁想去玩呢？

▶ 科学家已经推算出我们生存的宇宙是由 137 亿年前的一次大爆炸而产生的。大爆炸，这个听起来如此令人心惊胆战的可怕理论目前已经家喻户晓。可是，这是谁玩出来的呢？

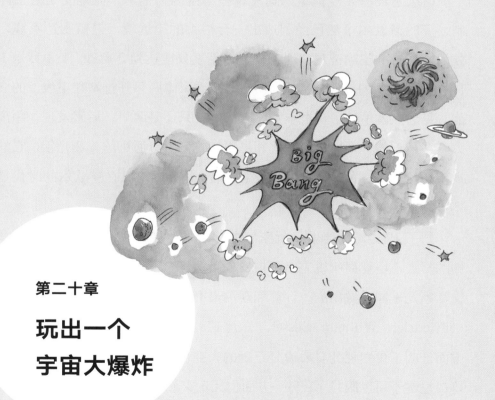

第二十章

玩出一个
宇宙大爆炸

在第十一章中说过，赫歇尔在试图寻找恒星周年视差的时候一不小心发现了太阳系里一颗新行星——天王星。天王星被发现以后，玩家们根据牛顿的万有引力定律又在笔尖上算出了海王星，这是18世纪至19世纪上半叶天文学史上最值得骄傲的两件大事。

但恒星的周年视差还是没有被发现。没有发现周年视差的原因只有两种：一是哥白尼错了。可那时候已经有大量的观测事实证明地球确实在围着太阳转，大家对哥白尼的理论已经深信不疑，所以只能是第二种可能，那就是恒星距离非常远，比以前想象的要远得多。于是不死心的玩家们继续顽强地玩下去。

赫歇尔没有发现恒星的周年视差不是因为他笨，而是受当时条件的限制。那时赫歇尔虽然已经制造出一台很大的望远镜，但精度还不够，那时候用最优秀的望远镜观察周年视差，精度只能达到2角秒。1角秒是1度的1/360，1角秒的位移，就如同站在北京看天津两只并排站在电线上的麻雀，能看见黑点就不错了，根本别想看出是一只还是两只。后来发现，距离我们太阳系最近的一颗恒星——比邻星距离我们也有遥远的4.2光年，它的周年视差相比是最大的，可也只有区区0.76角秒，所以在赫歇尔的时代是根本不可能发现的。

到了19世纪上半叶，玩家们继续顽强地寻找着周年视差，在玩家们不懈的努力下恒星周年视差终于被发现了。这个发现是由德国和英国的几位天文学家几乎同时做出的，计算和观测最准确的应该属于德国天文学家贝塞尔（Friedrich Wilhelm Bessel，公元1784—1846年）。周年视差的发现一方面证明了哥白尼的日心说是正确的，在玩家们经过300年艰难的探索后，哥白尼终于可以瞑目了。另一方面也让玩家们明白了，宇宙原来是如此之大。

发现恒星周年视差全都要仰仗望远镜的进步，1845年英国伟大的罗斯

伯爵威廉·帕森思（William Parsons，公元1800 — 1867年）制造出口径1.84
米的大型望远镜"城堡"，天文学家用这样大型的望远镜首次看到了夜空中
更加绚丽多彩的世界；彗星已经不再是根大笤帚，简直就是一个长发飘飘
的仙女；木星周围飘着几颗小星星，忠实地围绕着巨大的木星转动；土星周
围原来还有一圈如此美妙的光环；本来只有一个小亮点的地方，现在人们却
看见了如同飞舞的彩蝶一样五彩缤纷的星云和星系。这些新的发现让所有的
人都惊呆了：宇宙到底是什么？那些奇妙的图像意味着什么？那里到底有些
啥？那里面又正在发生着什么事情？天文学家们已经不再满足于成天对着
夜空数星星了，他们要玩新的事情！那就是天体物理学。

　　玩家们想知道，组成那些神奇图像的到底是些啥玩意，它们是怎么来的，那些东西和我们的地球、太阳一样吗？有什么关系呢？一个个巨大的问号让玩家们兴奋起来。想了解那么遥远的地方都有些啥玩意儿可不是件容易的事，但绝不是不可能的。

那时候还没有光年的概念，不过已经大致知道太阳和地球的距离，毕竟古希腊亚历山大缪塞昂的埃拉托色尼在 2500 年前就做出过判断。所以，那时对比邻星距离的描述是地球与太阳距离（1.4 亿千米）的 27.2 万倍。这么老远，谁也不可能带着把锤子，跑那么远去敲一块石头下来，带回地球做研究啊。

法国著名的哲学家孔德（Auguste Comte，公元 1798 — 1857 年）说过："恒星的化学组成是人类永远也不可能知道的。"孔德是法国伟大的哲学家，是实证主义哲学的创始人，他认为 19 世纪是人类从神学解脱出来，走向科学的时代。他同时认为这个阶段人也会认识到知识的局限性和有限性。也许正是由于这个想法他说了上面那句话，他说的话在当时也没错。然而，孔德的话说了还不到 50 年，玩家们就找到办法了！

难道真的有谁本事这么大，跑了几光年，去了一趟外星球？

玩的心态就是不受任何束缚，放开想象力，把不可能的事情变成可能。玩家不是不承认知识的局限性和有限性，但他们更崇拜创造的无限性。就像我们小时候，会玩的小朋友肯定不会因为玩过家家时没有真的炒菜锅而烦恼，他会用形状差不多的小东东当成一个炒菜锅，然后做饭给大家吃。虽然那个小东东并非啥炒菜锅，但小朋友完全可以像模像样地炒菜，去体验这个间接的、虚拟的但幸福的过程。而且，从这个儿时虚拟的实验中得到的印象也许会跟随他一辈子，说不定几十年以后他就是哪家著名餐馆里最棒的特技厨师。找到了解外星球由什么物质组成的办法也是这样，并不是谁真的拿着锤子去了一趟外星球，而是运用了一些间接的办法。

　　间接的办法要感谢前辈科学家们留下的遗产。首先是牛顿。牛顿已经发现，太阳发出的光线是可以被分开的，他利用一块棱镜把太阳光分成了很多条不同颜色的光谱，就像我们看到的彩虹一样，这就是光谱学。更奇妙的是19世纪德国一位叫夫琅禾费（Joseph von Fraunhofer，公元1787—1826年）的物理学家在观察太阳光谱的时候发现其中有许多暗色的线条，这些暗线今天就被叫做夫琅禾费谱线。

　　夫琅禾费是个大玩家，玩了一辈子，玩得连老婆都忘了娶。他是德国一个玻璃匠的儿子，继承老爹的衣钵，成年以后自己也成了一个光学玻璃厂的经理。他就喜欢琢磨玻璃，一辈子玩出很多非常好玩又实用的东西，夫琅禾费谱线就是其中之一。牛顿是第一个用三棱镜把阳光分成光谱的人，但夫琅禾费觉得牛顿玩得不够过瘾，于是，他发明了一种能把光谱分得更细的多棱镜。这一下他发现，太阳的光谱被很多黑色的暗线给隔开了，为什么会有这么多黑线呢？夫琅禾费不知道，可他没就此罢休，他很仔细

地把这些线给记录下来，并且测出这些暗线的波长。夫琅禾费把576条暗线编成一张表，这就是夫琅禾费谱线。

夫琅禾费没搞清这些暗线到底是什么，几十年后一个叫基尔霍夫（Gustav Robert Kirchhoff，公元1824—1887年）的德国物理学家才终于搞明白了。基尔霍夫除了玩电还玩火，他用火焰去烧食盐的时候发现了基尔霍夫定律，其实就是物质在燃烧时发射或者吸收光谱的规律。譬如，我们在造烟火的时候，烟火里放点钠，就会放出漂亮的橙色烟花，放钡就是绿的，放钾就是紫色，等等。不同的颜色其实就是不同波长的光。

根据基尔霍夫定律，对燃烧不同物质产生的光谱和夫琅禾费谱线进行比较以后人们发现，夫琅禾费谱线和许多物质光谱是吻合的，只不过是它们的吸收线，所以是暗线。这下大家突然明白了，原来太阳光谱的这些暗线正是某种物质燃烧时留下的痕迹。按照这些暗线的位置，就可以知道太阳里头有啥东东在燃烧了。于是玩家们在太阳里找到了钠、镁、铜、锌等正在燃烧的各种成分。太阳是这样，其他恒星怎样呢？把太阳光和其他恒星光谱中的夫琅禾费谱线进行比较以后，其他恒星里藏的啥东东也都被玩家们发现了。太阳和恒星光谱中的暗线就像指纹一样，是星球上含有什么物质的铁证。于是星星上有什么物质就这样让玩家们给玩出来了，光谱成了认识星星的"葵花宝典"，孔德的预言从此靠边站。

在 18 世纪 40 年代以前，由于没有其他好办法，天文学家看到的所有天文现象只能画在纸上，就像赫歇尔画的那张著名的银河系模型图。1839 年，又有一件事大大地帮助了天文学家，那就是照相术的发明。法国人涅普斯（Joseph Nicéphore Nièpce，公元 1765 — 1833 年）首先发明了照相术，他拍了人类有史以来第一张照片。不过涅普斯的照相术不实用，是另一个叫达盖尔（Louis Jacques Mand Daguerre，公元 1787 — 1851 年）的玩家让照相术变成大家都可以玩的玩意儿——银版摄影术。

达盖尔原来是画家，最擅长画舞台背景，画得非常出色。他还办过个人画展，估计把法国舞台背景的活儿都给揽走了。后来他对涅普斯的摄影术发生了兴趣，涅普斯玩不成以后，达盖尔继续玩，结果让他玩出了大名堂，并且最后还让法国政府收购了他的专利。从此，摄影术被公之于众，成为大家伙都能玩的玩意儿了。据说1846年外国人首先把摄影术带到了中国的广东，后来传到清朝的皇宫里，但慈禧太后不喜欢摄影，觉得那是一种妖术，会把灵魂给摄走。这时候已经是 20 世纪初，离我们伟大的中华人民共和国成立只有不到 50 年的时间。

摄影术发明后没有多久就被欧洲的天文学家看上了，他们兴奋地把望远镜和照相机连在一起，一张张太阳和星星的照片便呈现在了照相纸上，以前天文学家左眼盯着望远镜，右眼看着画画的时代一去不复返了。

大口径且高精度的望远镜、恒星的光谱分析、照相术的结合让玩家们对恒星有了更丰富的了解，他们已经可以对恒星的表面温度、物质构成等物理和化学特征进行探索和研究。根据光谱的特征天文学家还可以像生物学家给植物分类一样给星星分类了。玩家们很快又发现问题了：既然星星可以被分

类，那它们是不是也和生物一样有一个演化的过程呢？于是，宇宙演化的过程让玩家们又有的玩了，而且一直玩到了今天。

对宇宙了解得越多，玩家们发现的问题也越来越多。但是玩家们知道，不能再去问那是为什么，就像几千年前的古人，问为什么的结果就是请来了伟大的神灵。现在的玩家已经明白伽利略的办法是对的，要问怎么了。问怎么了你才会用观察和实验的方法客观地去分析和研究。当你用实验和逻辑的方法知道怎么了，那么是什么、为什么的答案也就越来越近了。要想观察和实验，就必须找到更多、更可行的方法。

这时，一个关于声音的发现又让玩家们和天文联系了起来，那就是奥地利物理学家多普勒（Christian Doppler，公元 1803 — 1853 年）发现的多普勒效应。多普勒发现，一个正在发出声响的物体，譬如正在疯狂叫着的上课铃——也就是所谓的声源——向聆听者迅速靠近时，声调会逐渐变高，而声源离聆听者远去的时候，声调会降低，这是声波受到压缩和拉伸而引起的。

最明显的例子是拉着汽笛的火车，当火车迅速向你开过来的时候，汽笛声会变得越来越尖利，而火车从身边呼啸而过，开往远处以后，声音就会逐渐低沉下来。现在警察在马路上测超速的探头，就是运用多普勒效应制作的，想骗警察已经没有可能。这么一说，多普勒真是太伟大了，他的发现不但给玩家带来了惊喜，还给警察提供了查超速的绝招。

多普勒到底是怎样一个玩家呢？他1803年出生在奥地利美丽的城市萨尔斯堡一个比较富裕的石匠之家，可由于小时候身体不好，没能继承祖业。萨尔斯堡坐落在阿尔卑斯山以北，是一座美丽的城市，古老的巴洛克式建筑和精美的雕塑随处可见。萨尔斯堡是音乐之都，是莫扎特的故乡，也是《音乐之声》的拍摄地。作为一个音乐之都的石匠之家，多普勒小时候必然受到浪漫音乐和严谨石刻的熏陶，虽然身体不好，玩的细胞肯定布满全身。后来多普勒成为一个数学教授，可以说，他既是一个严谨的老师，也是一个贪玩的玩家。他曾经因为考试过于严格被学生投诉，他还用自己灵巧的双手制造过许多精巧的科学仪器。多普勒一生刻苦、勤奋、富于创造性、点子特多，

除了发现多普勒效应，他在光学、电磁学和天文学等方面均有贡献，设计制造过很多实验仪器和设备。因为自幼身体不好，加上勤奋的工作和繁重的教学压力，多普勒49岁就与世长辞了，这可谓是世界的一大损失。

不过有人会说，火车汽笛声随着距离而变化这事儿我早就知道，可这和天上那些星星有啥关系呢？

多普勒同时还发现，这个效应不但在声音上有效，光也如此。当发光体靠近时，光谱会向蓝色那边移动，相反就会向红色移动。蓝色意味着频率更高的光，就像声音越来越尖利，这个现象叫蓝移。红色光则相反，意味着频率低，所以叫做红移。只要把恒星的光谱和太阳的光谱进行比较，就可以看出这颗恒星是在蓝移还是红移。这样天文学家通过光的多普勒效应，就可以了解恒星与我们之间到底是靠近还是离开。通过比较，玩家们发现了原来恒星并不是老老实实地待在原地不动，夜空中那些看起来亘古不变的星星是在到处乱跑！

18世纪至19世纪玩家们在看星星的时候用上了更长、口径更粗的望远镜，还有光谱学、照相术和多普勒效应的帮助。此外，1850年两个法国玩家傅科（Jean-Bernard-Léon Foucault，公元1819—1868年）和菲索（Louis Fizeau，公元1819—1896年）合作，用旋转镜的方法第一次比较准确地测定了光速。这些全新的创造发明和理论，使那段时间简直成了天文学的"玩具总动员"，开心的玩家们用这些新的玩法对夜空中各种天体进行了更仔细的观察，继而又有了许多前所未有的新发现。

有了光速，拿光年做量天尺可就太爽啦，再也不用拿"串串烧"一样的"0"来描述星星和我们之间的距离了。玩家们算出比邻星离我们有4.2光年远，后来又发现了超过500光年，甚至10万光年的星星，宇宙在玩家们的手里越玩越大，就好像是谁吹出来的肥皂泡，一个个亮晶晶的小星星布满了整个天空。哥白尼时代的玩家们还没有脱离太阳系，可现在的玩家们玩得广阔多了，开始关心银河系了。横亘在夏夜星空上的那条光带，在西方叫乳路（Milky Way），我们叫银河。这个赫歇尔用铅笔画出来的银河系，原来是一个由几千亿颗恒星组成的巨大星系，我们的太阳系只是其中一个非常渺小的小兄弟。按照牛顿的说法，宇宙是没边没沿儿的，宇宙是无限的，看起来这似乎已经没有什么可讨论的了。

可是偏偏有人开始觉得无限的宇宙有点不对劲儿，他们又不断提出新的追问，大问号还是一个接着一个。

哪里不对劲呢？第一个让人觉得不对劲的问题是个听上去有点反常理的想法——晚上为什么天会黑？这个问题问得简直有点荒唐，可第一个提出这么荒唐问题的是大名鼎鼎的开普勒。他说，如果天上到处都布满了星星，天肯定是很亮的，可为什么太阳一落山天就黑了呢？这个问题似乎很容易回答，因为星星距离我们太远，亮度都减弱了。不过200年以后，一个叫奥伯斯（Heinrich Olbers，公元1758 — 1840 年）的德国天文学家又提出同样"愚蠢"的问题，并且说得更有道理了。他说如果宇宙是无限的，很远的星光由于距离远确实会减弱，但布满宇宙的星光正好可以抵消减弱的部分，而把整个宇宙照亮，可太阳落山天照样是黑的。这个理论也被称为"奥伯斯佯谬"。难道宇宙不是无限的？这个问题把人问住了，是啊，为什么呢？在19世纪没人能回答这个问题，也没人能反驳，接力棒传到了20世纪。

20 世纪 30 年代，伟大的哈勃（Edwin Powell Hubble，公元 1889 — 1953 年）发现了一个更加令人惊讶的事情，宇宙不但不是亘古不变的、静止的，而且在迅速地膨胀！他和另外一位叫斯莱弗的天文学家发现，宇宙中几乎所有的星星（星系）都有红移现象。红移前面已经说过，那意味着所有的星星都在离我们而去，而且距离越远离开的速度也越快！宇宙到底在干啥呢？在膨胀？那膨胀又是从哪里开始的呢？

哈勃大胆地推测，宇宙曾经比我们现在看到的要小，是从一个起点开始逐渐膨胀开的。如果是膨胀，那么可以用倒退的办法算出膨胀是从哪一天开始的。可是当时哈勃计算的时间有误差，他算的结果是 20 亿年，那时候地质学家发现地球上已经有超过 30 亿年的岩石，所以哈勃的假设不能成立。

又经过了大约 10 年，天文学家有了新武器——5 米口径的巨型望远镜。这时天文学家发现，哈勃是对的，只不过他把时间算少了，而且少了将近 10 倍。宇宙的年龄不是 20 亿年，而是 150 亿年至 200 亿年！终于，有一个美国佬忍不住了，他说，如果后退 150 亿年至 200 亿年，宇宙是啥样子呢？那不就只剩下一个看不见的点了！宇宙难道就是从这个极小的点开始的吗？怎么开始的呢？啊！是一次大爆炸（Big Bang）！对！宇宙诞生于 150 亿年至 200 亿年以前的一次大爆炸！说这话的人是谁？他叫伽莫夫（George Gamow，公元 1904 — 1968 年），一个俄裔的美国物理学家。

宇宙并不是亘古不变的、无限的，而是正在疾速膨胀着的，有限的，并且是来自于一次大爆炸！前不久，还有天文学家宣布，爆炸的时间在 137 亿年以前，难怪晚上天是黑的，原来整个宇宙都在疾速地往外四散而逃。

感谢这些贪玩的家伙，是他们让我们看到，原来宇宙如此神奇！

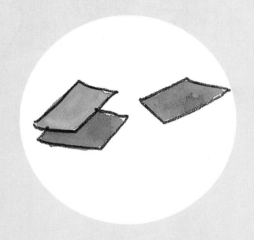

▶ 　爱因斯坦是一个伟大的玩家，同时是一位坚定的和平主义者。可让他万万没有想到的是，自己在 1905 年提出的著名公式却被用来制造恐怖的、能给人类带来巨大灾难的、至今还在威胁着人类的杀人武器——原子弹。

第二十一章

玩过头的
爱因斯坦

1945 年 8 月 6 日早上 8 点 15 分，晴朗的天空上，不知从哪里飞来一架 B-29 轰炸机，当飞机飞临日本广岛上空大约 30000 英尺（10000 米）的高度时，只见它机舱的肚子下面打开一个口子，从黑洞洞的舱口掉下一个愤怒的"小男孩"，43 秒钟以后，可怕的事情发生了。一个巨大的闪光之后是一声巨响，接着蘑菇云升腾而起，十几万人在一瞬间非死即伤……

1945 年 8 月 15 日日本天皇签署了投降诏书，日本宣布无条件投降，第二次世界大战成为历史。

"小男孩"就是第二次世界大战时美国投向日本广岛的原子弹，这个"小男孩"高 3 米，体重 4000 千克，肚子里装着 60 千克重的铀 235。它的威力相当于一颗充满着 15000 吨 TNT 的大炸弹。

这么恐怖的杀人武器难道也是玩家玩出来的？是的，是玩出来的，只是玩过了头。

炸药很早以前就被人类玩出来了，并且很快就被用于战争。中国的四大发明里就有一种是火药。不过火药威力小，如今是制造鞭炮和礼花不可缺少的材料。现代战争上用的基本是 TNT 或者叫黄色炸药的东西，黄色炸药属于硝基化合物，威力很大，诺贝尔就是因为造出了这类炸药发了财。不过无

贪 玩 的 人 类
写给孩子的科学史

论是中国的火药还是诺贝尔玩的黄色炸药，都属于一种燃烧的过程，迅速的燃烧在一瞬间释放出大量的热能。但是，原子弹就不一样了，不是靠普通的燃烧，原子弹烧的是原子，就是一种被称为核裂变的可怕事情，比任何一种炸药释放的热能要强无数倍。

原子这么小，看都看不见，谁没事玩这个玩意？可还真有人在玩。

古希腊的留基伯（Leucippus，约公元前 500 — 前 440 年）也许是世界上第一个提出原子的人，他的学生德谟克里特在公元前 400 年继承了他的学说，并提出原子论。德谟克里特很有想象力，他认为世界万物都是由那个极小的东东——原子组成。啥叫原子呢？原子这个词在希腊文中是 atomos，就是不可分割的意思，那么原子就是不可再分割的最小的东东了，它的英文名称是 atom。

另外中国古代春秋时期百家之一的墨子也提出过类似的说法，他认为组成世界的最小元素是一种称之为"端"的东西。"端，体之无序而最前者也。"有人认为这便是墨子的原子论。

不过无论是古希腊人提出的原子论还是墨子提出的"端"，都是没有经过任何实验来证实的，只是一种哲学思辨、一种观念，或者只是一种说法（用现在的话就是忽悠）。由于这种忽悠和相信上帝创造世界的神学是对立的，所以两千多年来原子论基本没被人看好过。伟大的玩家牛顿虽然接过了这个在半空中悬了 20 多个世纪的接力棒，但他说原子是由上帝他老人家创造的。牛顿因为被苹果砸了一下以后，开始研究力学、光学还有微积分，可他没搞清楚原子到底是个啥玩意，于是把原子扔到上帝那里是再好不过的借口了。

原子究竟是个啥，玩家们还是在不断地追问。从遥远的古代一直追问到伽利略和牛顿的时代。在那个时代，玩家们基本都是通过苦思冥想来寻找答案。不过无论如何，我们还是要感谢这些富有想象力的玩家们，他们的预言虽然完全不靠谱，但那些预言起码明确地告诉后来的玩家，不光看得见的东西可以玩，看不见的东西也是可以玩的。而且玩原子完全是另外一回事，即使看得见也不可以用能看见的办法去玩了。用啥办法才可以玩呢？只有在实验室里，用先进的实验仪器才可以。

所幸的是，在伽利略开创近代实验科学以后，西方的许多地方纷纷建立了实验室，实验室为打开原子之门创造了客观条件。

现在实验室这个词人们司空见惯，而且到处都有。可到底啥叫实验室，这个实验室是怎么让玩家给弄出来的，现在几乎没有人会问。其实啊，这里面还有很多好玩的故事。

实验室的英文是laboratory，在德文里的意思是化学实验室。为啥是化学实验室呢？因为开始的时候实验室就是玩化学的人玩出来的。所谓化学实验室其实就是炼金炼丹的术士们玩的地方。术士们为了能得到长生不老药或者用铝、铜和银子等比较贱的金属炼出金灿灿的黄金，他们就会在一间秘密的小屋里不断地实验。长生不老药和金子没炼出来，术士们却不小心创造了一门科学——化学。炼丹、炼金的地方就是最早的化学实验室。

最早能被看做是实验室的应该有两类，一类是玩化学的，还有一类是植物园里博物学家玩的地方，其实 16 世纪意大利就出现了很多植物园。植物园可以让玩植物、动物的玩家很方便地满足自己的好奇心，开始发现和探索神奇的生物世界。

那时候许多实验室很可能是在某个玩家自家的院子、厨房、阁楼或者地下室里。后来在意大利、法国开始有了非常正规的植物园。

以前实验室基本上都是属于私人的，很少作为教育手段在学校里出现。早在 17 世纪就有一位捷克教育改革家呼吁要在学校建立实验室，他说："人们应当不是从书本上，而是尽可能地从天空、从地上、从橡树和山毛榉中在智力上受到教育；这就是他们必须学习和研究事物的本身，而不仅仅是学习其他人关于这些事物的观测和证言。"他就是教育史上著名的夸美纽斯（Johann Amos Comenius，公元 1592 — 1670 年）。19 世纪很多物理实验室纷纷在大学里建立起来，这些实验室除了提供教学也为玩家们提供了极好的研究场所。

18 世纪至 19 世纪是人类一个非常辉煌的时代，蒸汽机、汽车、发电机、电灯泡、电话等发明为人们的现实生活带来了许多实实在在的好处。火车、汽车满街跑，电灯照亮了夜晚，电话接到了姥姥家。这些全新的玩意也让一些人一夜之间发了大财（关于这些玩家们如何发了大财的故事前面已经讲过了）。

实验室的建立为物理学的玩家们提供了大展宏图的好地方，物理学在 18 世纪至 19 世纪也被玩家们大大发展了。这其中电磁学的发展，不断为玩原子的玩家提供着新的证据。

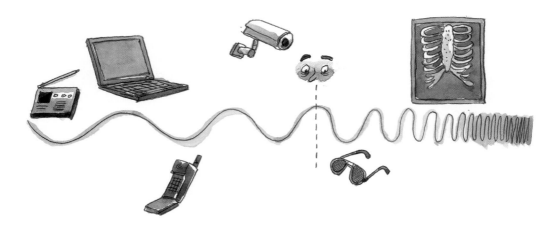

　　自从法拉第玩出电磁理论以后，电磁学成为一种非常时髦的玩法，很多人都喜欢玩。啥叫电磁理论呢？打个比方，假如把两根漆包线绕在一根木头上，形成两组线圈。一组线圈接在电表上，另一组接上电池。接通电池后，你会发现没接电的电表就会动一下，这就叫电的自感现象。漆包线通过电流的时候，产生了磁性，磁性感应了另一组线圈使其也产生电流，这就是著名的法拉第实验。这个实验说明啥呢？它说明电和磁之间是有关系的，而且这种关系是有规律的，利用这种规律，法拉第发明了发电机和电动机。不过法拉第不懂数学，他的发现和创造都是凭着直观观察和实验做出来的。而另一个大玩家，英国人麦克斯韦把法拉第的理论上升到了定量的层面，提出了麦克斯韦方程，使电磁学成为真正的一门学科。现在我们的生活已经离不开电磁波，手机、无线上网、调频收音机还有电视、人造卫星都需要这个无形却又无所不在的电磁波，这都要感谢法拉第和麦克斯韦以及后来的许多玩家。古希腊原子论的接力棒还在继续往下传。

　　19 世纪中期有一些玩家研究起真空管里的放电现象。这种被叫做阴极射线管的玩意儿，就是一根两头加上电极的密封玻璃管。玩家们就是要看这个管子在接上电源以后会发生什么。但那时候抽真空不容易，结果在实验的时候因为一些残留的气体，非常奇妙的现象出现了：有时候会发出很柔和的色光，要不就是发出强烈的弧光、闪光等现象，非常有意思。后来玩家们干脆故意在管子里留下一点各种不同的气体，看它们到底会玩出啥花样来。一个技艺高超的德国人造出了更精密的管子，他叫盖斯勒（Heinrich Geissler，公元 1815 — 1879 年）。盖斯勒仗着他以前是个吹玻璃的工人，他能吹出比任何一个玩家都要精巧的管子，所以这些无与伦比的管子后来就干脆叫做盖斯勒管，盖斯勒管可以让实验做得更精确了。现在我们已经知道那些放电现象是由于从电源的阴极射出的电子激发了气体，使气体发光甚至发生弧光、闪光等，可在那时玩家还不知道有电子这回事。

电子其实也是被一个玩家发现的，他就是汤姆生（Joseph John Thomson，公元 1856 — 1940 年）。英国剑桥的汤姆生也爱玩阴极射线管。他通过一系列的实验和计算发现，不同的元素都有一种共同的成分，这个成分被他叫做"微粒"。那时候大家根据牛顿的学说，认为所有的光线或者电波都是通过一种叫"以太"的东西传播的，但汤姆生认为他发现的东西和以太不一样，是从原子内部飞出来的一种更小的东西。他说："我认为一个原子含有许多更小的个体，我把这些个体叫做微粒。"他所说的微粒也就是我们现在说的电子，是原子的一部分。汤姆生说这话的时候是 1897 年。

古希腊人留基伯和德谟克里特，还有中国的墨子，凭他们敏锐的观察和思辨预言了原子和端，在 2000 多年以后，这些被实验物理学的玩家们给证实了。不仅如此，玩家们还发现，原子并不是最小的，在原子里头还有比原子更小的小兄弟。

几乎在差不多的时候德国的物理学教授伦琴发现了 X 射线。过程大概是，他的一张放在阴极射线管旁边的照相底片莫名其妙地曝光了。他的发现不但让后来的医生可以用 X 射线来检查人长在皮肉底下的骨头，还可以让飞机场可以看见旅客包包里是不是带着危险品，同时开创了放射线研究的新时代。汤姆生后来的实验也证明X射线和他发现的电子似乎不是一种东西。汤姆生和伦琴他们俩的不同发现让原子物理学的大门真正打开了。此后玩家们不但发现了电子，还发现了中子、质子、原子核，不但有了能检查骨头的 X 射线，还有α射线、β射线、γ射线等，原子的秘密终于被玩家们给弄得越来越明白了。20世纪最初的几十年，是原子物理学大发展的时代，出现了一大批玩家，除了前面说的，还有著名的

卢瑟福（Ernest Rutherford，公元 1871 — 1937 年）教授，居里夫人（Marie Curie，公元 1867 — 1934 年）和伟大的爱因斯坦（Albert　Einstein，公元 1879 — 1955 年）。

爱因斯坦在 1905 年创立了一个全新的理论——相对论。在他最早的论文里提出了一个著名的公式：$E=mc^2$，把这几个字母换成普通话就是：能量等于质量乘以光速的平方。这个公式在当时几乎没人能看懂。

在爱因斯坦提出那个著名公式以后的几十年里，玩原子的玩家虽然已经明白了

原子里许多神奇现象的原因，但还是没有发现这个公式背后所蕴含的意义。最后还是两个德国物理学家把这事闹明白了。

　　德国物理学家哈恩（Otto Hahn，公元 1879 — 1968 年）和迈特纳（Lise Meitner，公元 1878 — 1968 年）原来都在一个实验室工作。迈特纳是一位女物理学家，由于她的犹太血统，第二次世界大战开始以后便逃到了瑞典。那时候玩家用阴极射线管又玩出一种新花样，就是用高能量的粒子"轰击"靶子上的其他元素。哈恩在做实验时，用一个中子轰击金属铀，在做完这个实验以后，哈恩发现不知从哪儿冒出来一些金属钡，还有一种惰性气体氪。"我没买过这些玩意儿啊？"他觉得奇怪极了，"这些东东是从哪儿冒出来的呢？难道是从天上掉下来的？"他把自己的困惑写信告诉了在瑞典的迈特纳。迈特纳看了哈恩的信后便开始琢磨起来，还是女性比较细心，她没有做实验而是算了起来。她计算了铀原子核里的中子数，然后再算其他出现的元素的中子数。这一算让迈特纳惊讶地发现，如果铀原子核里的中子数加上一个轰击的中子正好是一个钡原子和一个氪原子的中子数之和。被那个中子炸碎的铀原子难道变成了两个不同的新原子？

　　原子核裂变就这样被玩家一试一算地给玩出来了。

　　后来的实验也证明确实发生了原子核的裂变，而且这个裂变一旦开始就会继续下去，1 个变 2 个，2 个变 4 个，4 个变 8 个……这就是所谓的链式核裂变反应。

　　链式核裂变反应到底是怎样一个过程呢？打个比方，假如森林里一棵树被闪电击中后被点着了，这 1 棵树可以点燃旁边的 2 棵树，这 2 棵点燃 4 棵，4 棵点燃 8 棵，于是 16 颗、32 颗、64 颗……只要没人管，整个森林就会以这样的几何级数被彻底烧光。再有煤的燃烧也是如此，点着的只是一小块煤，只要不拿一盆水浇灭，煤就会不断燃烧下去，一直把炉子里的煤都烧光。炸

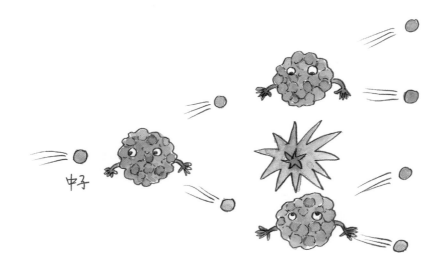

药燃烧和爆炸也是类似，只是这些燃烧没有原子的裂变来得快。铀发生链式核裂变反应的时间可比黄色炸药快多了，铀原子核发生1亿次裂变只需要短短的几十万分之一秒。

这还没有完，研究裂变反应的玩家们又发现了一个新问题：经过裂变以后产生的物质的总质量变小了。虽然只是稍微小于原来铀的质量，但这些少了的质量去哪儿了呢？

啊！玩家们这时候想起爱因斯坦的那个公式了，原来这就是爱因斯坦说的：$E = mc^2$。少了的那点质量变成了能量！

经过仔细的计算，一个铀原子核裂变释放出的能量是2亿电子伏特，1千克铀发生裂变产生的能量，相当于2万吨黄色炸药爆炸时释放的能量！这简直太不可思议了！

这就是20世纪初玩家们玩出的大名堂，加上18世纪至19世纪众多的发明，真是不计其数。难怪当时美国一个专利事务所的人说，明天就把我的办公室拆了，因为世界上所有该发明的都发明完了。可事实证明这小子完全错了，发明还远远没有完，玩家们的本事还大着呢。

$E = m \cdot C^2$

1939年5月希特勒和墨索里尼签署《德意同盟条约》，世界大战一触即发。9月德军发动闪电战，几千辆坦克和几千架飞机突然出现在波兰的大地之上，德国开始大举进攻波兰。随后英法对德宣战，第二次世界大战开始了。

此时德国的一些物理学家向希特勒提议，利用最新的发现制造一种强大的炸弹，让德国具有不可超越的优势。德国陆军部随后决定开始研制。

在这个时候，美国科学家也向罗斯福总统提出了类似的建议，爱因斯坦也在众多科学家联名写给罗斯福的信上签了名。"曼哈顿计划"开始实施。

可是由于德国残害犹太人，使大批德国科学家逃离德国，后来他们之中很多人参加了美国的"曼哈顿计划"。而爱因斯坦由于有共产党嫌疑倒没有加入这个计划。

几年以后的1945年，以美国为首的同盟国发现，德国的核计划其实根本没有实施，而当时美国的原子弹已经到了装配阶段。这时，参加"曼哈顿计划"的科学家和爱因斯坦又一次写信给罗斯福总统，要求停止原子弹这种可能会给人类带来巨大灾难的致命武器的制造，但当这封信躺在罗斯福办公桌上的时候，罗斯福却悄然离开了这个世界。所以，这封信没能阻止"曼哈顿计划"的实施。

于是前面说的那段故事发生了。

原子弹在广岛爆炸以后，美国人把爱因斯坦奉为"原子弹之父"。当听说有人说是他按下了原子弹的按钮后，爱因斯坦低声地、一字一句地说："是的，我按了按钮……"

▶ 故事讲到这里，时间已经过去 2000 多年，如今已经是 21 世纪，玩家们还在继续玩吗？是的，他们继续在玩。即使对于我们这个世界、这个宇宙认识的越来越多、越来越丰富，玩家们也永远不会满足。正像弗兰西斯·培根说的，人类的知识之球越大，接触的未知世界也越多。

第二十二章

第三次浪潮

《圣经·启示录》上预言过地球的末日，牛顿相信这个预言将会在公元 2000 年发生。在他的两篇文章里都非常严肃地讨论和详细介绍了这件事，两篇文章分别是《丹尼尔预言》和《圣约翰末日预言》。

还真的不能掉以轻心，2000 年到来之前，一些怪事儿真的出现了，《圣经》的预言似乎在步步逼近。

在 20 世纪的最后几十年里，事情变得有点儿不对劲，一个新的群体出现了，那就是蒙着头、只露着俩眼睛的恐怖分子！他们手持火力强大的 AK47，身上绑着炸药，开始到处制造灾难：1972 年 9 月第 20 届柏林奥运会上，恐怖分子劫持 9 名以色列运动员，营救行动失败，9 名运动员全部罹难；1981 年 5 月教皇保罗二世遇刺受伤；同一年 10 月在盛大的阅兵式上埃及总统萨达特被台下的枪手乱枪扫射致死；1984 年 10 月印度总理英迪拉·甘地在步行上班的路上，被她的一名警卫用冲锋枪扫射，身中数弹身亡……

还有一件事，"80 后"大概还会有点印象，那就是"千年虫"事件。

有人说在从 1999 年 12 月 31 日 23 点 59 分 59 秒过渡到 2000 年 1 月 1 日 0 点 0 分 0 秒的一瞬间，全球的电脑会全部崩溃！

难道这些真的是世界末日要来的征兆吗？

不过有一个人的预言和《圣经》完全不一样，他叫阿尔温·托夫勒。在他 1980 年出版的一本书

《第三次浪潮》里，他说：
"翻开报纸，人们惊
恐地注视着头条大字标
题：恐怖分子绑架人质
杀人做戏……厄运之歌
充斥人间……本书提出
与此鲜明不同的观点，
它的主题是，世界并
没有突然转向疯狂……
《第三次浪潮》是献给
那些人，他们认为，人
类的历史远未结束，人类的故事不过是刚刚开始。"

公元 2000 年来到了，《圣经》和牛顿的预言没有发生，那只搞怪的千
年虫也没有想象中的那么可怕，一切还在继续。

而托夫勒所预言的"空间时代，信息时代，电子时代，或者是环球一村"，
倒似乎是基本实现了。我们的世界在世纪之交时真是发生了天翻地覆的变化，
计算机从无到有，而且迅速普及起来，互联网以及通信技术的极大进步让整
个地球真的成了一个小村庄。

《第三次浪潮》中文版在 1984 年 12 月由三联出版社出版。现在人们把
托夫勒称为未来学家，认为他还是个比较靠谱的预言家。

20 世纪的玩家最杰出的莫过于计算机方面的各种新玩法，而且玩法不
断地更新，每次更新都会让整个世界为之一振，这也就是我们现在经常说的
创新。说起来创新似乎没有什么，可是只要我们稍微回头看一下，变化之大、
之快简直不可想象。20 世纪 80 年代，那时候如果谁拥有一台苹果电脑简直

是一件太让人羡慕的事情了，和现在拥有一台宝马 7 系列或者奔驰小跑一样牛气。不过那时个人电脑，只具有一个运算速度 1MHz 的处理器，没有硬盘，运行的结果是靠一个可以存储 512K 数据的 3 寸软盘驱动器来完成的。如今拥有一台具有 2GHz 的处理器，1TB 存储空间的电脑，还没有到宠物医院给家里的小狗治病花的钱多。

要知道，这个过程只经历了不到 30 年！

托夫勒所谓的第三次浪潮是延续了人类历史所经历的农耕时代、工业化时代，其实就是我们正在经历的信息时代。

计算机也和人类发展历史一样经历了几个不同的时代。人类是从什么时候开始知道数数已经无从查考，不过在非常远古的时代人类就已经会计算了。现在我们的时钟分为 12 个小时，这事是从古巴比伦来的，还有把一个圆分为 360 度也是来自巴比伦，因为他们是玩"60 进位法"。10 进制一般被认为是中国人玩出来的。10 进制可能是因为古时候人们经常用 10 个手指帮助计算。除了计算，人类很早也玩出一些计算工具，结绳计数据说是埃及人发明的，算筹（一些像筷子一样的小棍子）和算盘是中国人发明的，到现在还有人在用算盘，这应该属于第一代计算工具。这些算法和计算工具一直沿用了很长时间。

16 世纪哥白尼的日心说掀起了科学革命，接着在 17 世纪末 18 世纪初欧洲发生工业革命，牛顿和莱布尼茨发明微积分，计算方法就变得更厉害了，连飘在几十亿千米以外的海王星都给算了出来。这么复杂的运算用纸和笔可不行，于是第二代计算工具——手动计算机出现了，开始时这种计算机和中国的算盘基本是一个原理，只是算起来更快罢了。

随着电学理论和电动技术的发展，在 19 世纪手动计算机变成了电动的。而且还有人想出用继电器作为通断开关，使得计算速度又快了。20 世纪初，

爱迪生发明的电灯泡有了个新玩法：英国物理学家约翰·安布罗斯·弗莱明（John Ambrose Fleming，公元1849—1945年）把灯泡变成了可以滤波的电子管，电子管比继电器又快了上万倍。这一下电动计算机再一次如虎添翼，大家欢呼雀跃。

不过这些计算机还都只是个算得特快的算盘，原理上还没有彻底的突破，还不是我们现代能发邮件、能玩电子游戏的电子计算机。那电子计算机是谁玩出来的呢？

第二次世界大战期间，美国陆军为做火炮的弹道实验，开始研制新一代的计算机，因为弹道实验需要巨大数量的计算，当时所有办法和所有计算机都嫌太慢。直到1945年，第二次世界大战结束好几个月后，这台计算机才研制成功。这就是被计算机史学家称为世界上第一台电子计算机的"ENIAC（埃尼阿克）"，它每秒钟可以运算5000次。不过这个家伙用了18000个电子管，能摆满一个羽毛球场。

要是到现在我们还在玩这个大家伙，计算机永远也不会成为孩子们的玩具和人们不可或缺的办公工具。计算机可以成为我们所有人的大玩具还要指

望另外几位玩家。

把"ENIAC"变成现代的计算机还要解决不少问题。首先"ENIAC"不通用，每算一个题目要事先把程序设计出来，还要花一个多小时把各种电线插好，然后才能开始运算。换个题目，这个过程就要再来一遍，最麻烦的是重新插电线。好家伙，这样的计算机想不累死几个人都不行。另外"ENIAC"还使用 10 进制，算起来还是太慢。这可咋办呢?

1946 年冯·诺依曼（John von Neumann，公元 1903 — 1957 年）来了，他根据机器运算的特点，把 10 进制改为 2 进制，只剩下"0" 和"1"；他把计算机的结构分为运算器、控制器、存储器、输入设备和输出设备五大块。计算机玩到这个时候，总算和现在的计算机没啥大区别了。但是诺依曼没有解决计算机通用性的问题，计算每个问题还需要特别设计程序才行。

解决计算机通用性的问题，我们还不应该忘记一个天才的玩家，他的名字叫图灵（Alan Mathison Turing，公元 1912 — 1954 年）。有人把图灵称为计算机科学之父,原因就是他玩出了一个假象的机器——图灵机(Turing Machine)。

图灵机在用机器代替人拿着笔和橡皮做数学题的假设下，把计算分为两个简单的动作：①在纸上写或者用橡皮擦除符号；②注意力从纸的一个位置移动到另一个位置。根据这两个简单的动作，图灵创造了一个假象的机器，这就是所谓的图灵机。玩过编程的人估计还记得，不久前还在使用的 BASIC 语言，用这套语言编程时要使用的 Head、Table 等，就是从这个假象的图灵机而来（关于图灵机的基本设想大家有兴趣可以去查更专业的书或者文章）。图灵这一假象不要紧，计算机通用性的问题却迎刃而解了，是图灵的假象让计算机成为如今我们大多数人工作中不可或缺的好搭档，闲暇时还可以用它来种菜、偷菜消磨时光。

不过图灵是个悲剧式的人物，他是一个同性恋者。在那个对同性恋还充满偏见和敌意的时代，因为一件不大的事情，图灵被判有罪，并接受"化学阉割"（就是被迫注射雌性荷尔蒙，图灵可是一个正儿八经的爷们），最终导致图灵自杀。这一年是 1954 年，据说图灵只咬了一口有毒的苹果。

但是，他的成就是不可抹杀的。2009 年 9 月 10 日英国首相布朗公开撰文，为政府对图灵以同性恋相关的罪名判罪，并导致他自杀公开道歉，布朗说："我们太无情了。"

可为啥英国首相会在几十年以后还不忘向这位玩家道歉呢？这里面还有一段故事。图灵是个数学天才，甚至是个怪才。在第二次世界大战爆发之后的第 4 天，即 1939 年 9 月 4 日，图灵应征来到一个叫"庄园"的地方，那里其实就是英国谍报部门为破解法西斯德国密码而设立的破译机构。图灵在"庄园"里的杰出贡献使德国极其复杂的"Enigma（谜）"式密码机成为废物，英国首相在他的文章里这样说："如果没有他的卓越贡献，二战的历史也许会被重写。"

1966 年美国计算机协会为奖励在计算机事业上做出重要贡献的个人设立了图灵奖（Turing Award）。

20 世纪 50 年代是计算机技术大发展的时代。半导体晶体管的发明为电子计算机又加上了新的翅膀。美国的 IBM 公司也在这个时代从一家造钟表和手摇计算机的工厂摇身一变，成为全球最大的电子计算机制造商。

值得一提的是，1949 年，中国这头被腐朽的封建文化禁锢了 2000 多年的雄狮终于醒了过来，"中国人民站起来了！"科学成为建设这个几乎被战争焚毁的国家的强大力量。1958 年 8 月 1 日，站起来以后的中国人制造的第一台电子计算机出现了。

不过无论是图灵、诺依曼还是 IBM、HP，他们都不是让计算机成

为今天我们大家知心朋友的人或者公司。计算机能够成为我们的知心朋友，而且价格越来越便宜，是要感谢另外两个大玩家的出现，他们就是史蒂夫·乔布斯（Steve Jobs，公元 1955 — 2011 年）和比尔·盖茨（William H. Gates，公元 1955 年 — ）。

乔布斯应当说是我们这个时代最富创新精神，最富浪漫艺术色彩和海盗般冒险精神的大玩家。这个出生于旧金山，不久就被未婚先孕的母亲交给一对夫妇收养的孩子，小时候性格沉默、孤僻，早熟，不过少不了的是聪明。上高中的时候他认识了人称"神奇巫师沃兹"的沃兹尼亚克（Stephen Gary Wozniak，公元 1950 年—），并在一起玩"蓝匣子"（蓝匣子是一种能盗用别人电话线路的玩意，应该是个非法产品），他们还把"蓝匣子"变成一个能盗打长途电话的魔盒。这个小坏蛋大学只上了 6 个月就溜了，而且迷上佛学，竟然一个人跑到印度光着脚丫子念起经来。这个满脑袋都是鬼主意的小子，哪里有可能静下心来吃斋念佛。

碰了一鼻子灰，狼狈逃窜回来以后的乔布斯，玩起了他自己最喜欢玩，并且让他功成名就的东西——电脑。1977 年他和沃兹尼亚克玩出来的那个被咬了一口的苹果，现在已经成为家喻户晓的国际大公司——苹果电脑公司（据说这个咬了一口的苹果商标和图灵的故事有关）。苹果个人电脑 20 世纪 80 年代进入中国，带动了中国正在兴起的计算机产业。

开始乔布斯好像不太会赚钱，于是，1985 年乔布斯被苹果公司赶走。个人电脑产业这块大蛋糕被 IBM 和 HP 以及其他许多公司瓜分。然而，乔布斯毕竟是个玩家，离开苹果后他也没闲着，这小子收购了一家动画制作公司 Pixar（皮克斯）。我们在看动画片的时候，片头上如果看见一个会跳舞的小台灯，那就是乔布斯在皮克斯干的头一件事——加入了动画短片《Luxo Jr.》里的主角"跳跳灯"。如今"跳跳灯"已经成为皮克斯的象征。乔布

斯不但玩动画片，还开发了一系列电脑动画辅助系统，这些辅助系统是成就如今美国大片的利器，也是所有玩动画的玩家梦寐以求的东东（不过价钱不菲）。1995年世界上第一部全电脑制作的动画片《玩具总动员》制作完成，全世界票房将近4亿美元，让乔布斯大赚一笔。

1996年底乔布斯又荣归"故里"，重掌苹果大印，一系列苹果产品iMac、iBook、iPod、iPhone让全世界眼前一亮。

他怎么会这么厉害呢？就像他自己说的那样："你必须找到你所爱的东西。"啥是他爱的东西呢？玩！

盖茨和乔布斯有个很像的地方，那就是他们都没念完大学就开玩了。不过他没有乔布斯那么浪漫，他只认准了一样东西——软件，并且不停地玩了下去，他要把自己的玩法玩成世界的标准。现在微软公司拥有的财产已经很多年稳居世界第一，盖茨也常年占据着世界首富的宝座。

都是玩家，乔布斯和盖茨却完全不一样。乔布斯的特点是叛逆、浪漫、野心十足、不按常规出牌；盖茨是聪明绝顶、顽强，虽然同样是野心勃勃，却极富商业头脑。盖茨开始野心并不是很大，甚至只想做苹果公司的一个小兄弟。1984 年，就在乔布斯被苹果公司赶出去的前一年，盖茨的微软公司还在和苹果合作，共同开发苹果的图形视窗系统，微软为苹果的图形视窗设计了文字处理软件 Word 和表格处理软件 Excel。公平地说 Macintosh（苹果电脑的操作系统）的成功是要感谢微软这个当年的小兄弟的。而盖茨也在乔布斯那里学到了很多东西。

盖茨在自己写的《未来之路》里这样写道："在开发 Mac 机的整个过程中，我们都和苹果公司紧密合作。史蒂夫·乔布斯领导了 Mac 机研制小组，和他一块工作真有趣。史蒂夫有一种从事工程设计的令人惊讶的直觉能力，也有一种激励世界级人物向前的特殊本领。"

如今盖茨创立的微软公司不但让 Windows 成为电脑操作系统的一种工业标准，而且在互联网的各种应用程序上也独占鳌头。

乔布斯和盖茨是现代玩家的两个巨人，他们的创造改变了我们的生活，比如，让伊妹儿满天飞、敲敲键盘就能赚钱、利用信用卡透支、闲着没事去偷菜等。更重要的是，从此整个世界都改变了，而且是天翻地覆的改变。

几千年来，玩家们不但玩出了许多令人吃惊的理论和学问，而且我们还可以从这些学问里得到无穷的快乐和便利。此外，他们还玩出了一件事情，那就是思维方式的改变。这种思维方式的改变，再次为玩家们提供了利器，让寻找斯芬克斯微笑背后秘密的玩家们可以继续玩下去。

第二十三章

永远的玩家

玩家们玩了几千年，玩出了现在被大伙儿称之为科学的玩意儿。老多在这里花了好几千个小时，爬了十几万个格子，目的就是试图告诉大伙儿，科学是起源于远古时代玩家对大自然奇怪现象的好奇、迷惑、幻想和追问。而这些玩家的好奇、迷惑、幻想和追问几千年来又像接力赛一样被许多玩家一棒接一棒地传下来，一直跑到了今天，人类才终于可以逐渐解开斯芬克斯式微笑背后的很多谜团。

　　力学、光学、电学、化学、生物学、医学还有天文学、地理学、古生物学等学问，是从古至今的玩家像接力赛一样玩出来的，这点恐怕不会有人提出疑问。可是，如今只能拿那些蝌蚪一样的符号才可以说明和描述的学问，像相对论、量子力学，还有什么熵增、黑体、宇称守恒、黑洞、虫洞，还有混沌和涌现等，这些听起来马上就能让人昏死过去的学问难道也是玩家玩出来的？

贪 玩 的 人 类
写给孩子的科学史

答案是肯定的，是玩出来的。不过，这些学问如果不用那些蝌蚪一样的古怪数学符号描述，还真不太容易说得清楚。于是老多又花了几百个小时，看了好几本书，有点儿像当年爱因斯坦为了玩广义相对论，专门苦读了好几年的黎曼几何。

爱因斯坦和那些只能用蝌蚪一样的符号才能描述的学问，之所以让我们这些芸芸众生一看就晕菜，就是因为这种学问已经完全脱离和超越了一般的思维方式。而这种思维方式是从20世纪初开始的，是人类思维方式的一次巨大飞跃和创新，是人类智慧自古希腊开始理性思维以来的又一个里程碑。

啥叫一般的思维方式呢？就像爱因斯坦1920年在荷兰莱顿大学的一次报告上说的："当我们试图以因果关系的方式来深入理解我们在物体上所形成的经验时，初看起来，似乎除了由直接的接触所产生的那些相互作用，比如，由碰、压和拉来传递运动，用火焰来加热或引起燃烧，等等，此外就没有别种相互作用了。"爱因斯坦说的因果关系都是我们可以直接感觉或者观察到的，比如小时候淘气挨了老爸一巴掌，就会感觉到屁股上火辣辣地疼。通过因果关系理解自然现象就是一般的思维方式。

思维方式的变化应该是老天赏赐给咱们人类的一件独特礼物，其他动物基本没这福分。人类由于对世界的好奇，又得不到解释，于是首先出现了巫师和神仙。远古时代的人类想通过"无所不知"的巫师和神仙去了解这个神秘莫测的世界。这样的思维方式也许持续时间最长，起码也有上万年。

后来有些人开始怀疑了，按照西方的说法第一个怀疑的人就是泰勒斯，他开创了理性思维的时代，被称为第一个科学家。不过那时候的所谓科学家和相信巫师神灵的人还差不多，只是依靠自身的体验和观察提出了一些思辨和学说，没有进一步去证实这些思辨和学说。这些古代圣人的学问被后人惶而恐之地继承了下来，不敢有丝毫的怀疑和怠慢，就这样又过了大约2000年。

$$\int_a^b f(x)dx = F(b) - F(a)$$

到了 16 世纪，有个叫伽利略的人出现了，他又开始怀疑了。他说，我们可不可以去试一试呢？于是科学中又有了新的玩法——实验。接着 17 世纪伟大的牛顿来了，他不仅接受实验，还带来了另一样更好玩的东东——微积分。从此玩家们不但有了实验，还有了数学，于是科学如虎添翼，大行其道。

这就是人类从古到今思维方式的三次变化，不过这些思维方式的基础，无论神灵、思辨、实验和数学还基本离不开爱因斯坦说的因果关系，所以还是属于一般的思维方式。那些看不见、摸不着的东西仍然躲在一个个阴暗的角落里，如同斯芬克斯的微笑，在嘲笑着我们这些可怜的人类。

而相对论还有像量子力学这样让普通人看了就眼晕的学问，就是为了研究那些看不见、摸不着的东东。爱因斯坦说过一句话："如果按照逻辑思维，你可以从 A 到 B，如果按照想象思维，你可以到达任何地方。"

那爱因斯坦是怎么琢磨出相对论的呢？

其实即使像他自己说的那样，按照想象，也还是需要从前辈的理论中吸取营养，只不过那是对前辈知识的更加具有创新的传承。

关于爱因斯坦的前辈不往太远说，起码也应该追溯到牛顿。17 世纪，牛顿用数学的办法提出了万有引力，但是他自己也不敢肯定这个万有引力是怎么实现的，因为那时候大家所有的认识还要凭借所谓的因果关系。而大老远的太阳咋就能把我们偌大的地球给吸住，还能这么乖地围着太阳没日没夜地转呢？于是牛顿搬出来一个古老的概念——以太，他说这种万有引力是通过宇宙中无处不在的以太来实现的。古希腊人认为以太是一种非常稀薄的物质，以太（aether）和乙醚（ether）来自于一个共同的词源——希腊语aither。如果以太真的是一种物质，那玩家们相信无论它怎么藏着都是会被发现的，就像以往玩家们所有的发现那样。于是有人就开始苦苦地寻找这个神秘的、无所不在的以太。

美国物理学家迈克耳孙（Albert Abraham Michelson，1852 — 1931年）在1882年用更先进的方法对光速进行了更精确的测定，即每秒大约30万千米（他当年测定的光速是每秒299853.1882千米，1926年他又修正为299796千米）。

1887年迈克耳孙又拉着另一个美国物理学家玩了一个实验，那就是著

名的迈克耳孙－莫雷实验。他们想用非常灵敏的干涉仪来寻找以太存在的证据。实验的依据是这样的：地球是以每秒 465 米的速度自转，同时地球又以每秒 30 千米的速度围绕太阳公转。如果一束光向地球不同方向射出，根据牛顿力学的原理，光是在以太中传播，那么与地球运动方向一致时，光速就会叠加上地球的速度，是光速和地球本身速度之和，反之要减去地球的速度。就像我们在火车上往前扔一个球，球速是火车速度和扔出的球的速度之和，如果往车窗外与运动方向垂直方向扔球，球就会向前斜着飞。

可无论这两个大物理学家怎么试，光速纹丝不变，没有一丝一毫的增加和减少，这个实验的结果无情地否定了他们的初衷，以太似乎根本不存在。这个实验把在光速情况下牛顿力学中关于运动的理论给动摇了。这就为爱因斯坦的想象留下了极大的空间，因为据说爱因斯坦 16 岁的时候就在琢磨一个问题——如果我们是以光速在运动，那世界将会是个啥样子呢？ 1905 年爱因斯坦在他的一篇论文中说："由于人们无法探测出自己是否相对于以太的运动，因此，关于以太的整个观念纯属多余。"

如果说迈克耳孙和莫雷在运动上给爱因斯坦创造了想象的空间，那么，另一个人则给爱因斯坦在时间上创造了想象的空间，他就是洛伦兹（Hendrik Antoon Lorentz，公元 1853 — 1928 年）。

荷兰物理学家洛伦兹在 1892 年提出的洛伦兹变换是一个数学公式，或者是一套非常奇怪的计算方法。洛伦兹变换说明了一个很容易理解的问题，那就是这个宇宙中时间不是绝对的。

怎么解释呢？牛顿力学认为，时间就像一条直线，在不断地流逝，是绝对的。孔夫子也说过："逝者如斯夫。"意思是时间就像眼前的流水一样一去不复返。

就在 1887 年迈克耳孙和莫雷正玩以太实验的时候，中国的清政府与葡萄牙签订《中葡和好通商条约》：
"由中国坚准葡国永驻管理澳门以
及属澳之地，与葡国治理他处无
异。"而1892年洛伦兹提出他的
著名数学公式的时候，我们伟大的
先行者孙中山先生从香港西医书院
毕业，正式成为一名医生。被梁启
超称之为少年中国的时代终于就要
来临了。

　　洛伦兹变换颠覆了牛顿关于绝
对时间这条真理。当然这是有条件
的，也就是如果时间和光速结合，
那么就会出现一种我们以前意想不
到的情况。打个比方，我们现在
都知道，在宇宙中距离我们最近的一颗恒星——比邻星与地球的距离是4.2
光年，也就是说我们现在看到的那颗星星上发生的事情，是那颗星星上4
年多以前发生的事情。如果可以看见那上面有个人在放羊，我们看到的其
实是那上面的羊倌儿4年多以前干的事儿。反过来，那个羊倌儿现在看到
的是什么呢？肯定不是我们的现在，而是4年多以后的事。这怎么可能呢？
可事情就应该是这样，一点都没错。时间在光速的情况下是相对的，处于
运动中的物体的时间并不相同。这样洛伦兹变换就为爱因斯坦在时间上创
造了想象的空间。

　　爱因斯坦的相对论最重要的两点：一就是运动，二就是时间。1905年，
爱因斯坦写了5篇论文，在其中一篇《论动体的电动力学》中，爱因斯坦

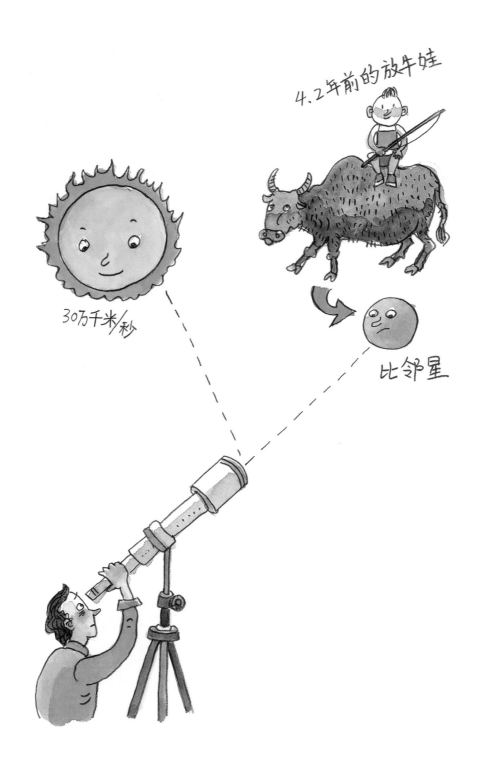

4.2年前的放牛娃

30万千米/秒

比邻星

贪 玩 的 人 类
写 给 孩 子 的 科 学 史

提出了他著名的相对论，这个看不见、摸不着的理论让整个世界为之震撼。

这篇论文没有使他得到诺贝尔奖，得奖的是另一篇关于光电效应的论文《关于光的产生和转化的一个试探性的观点》。说来也巧，就在 2009 年 10 月 6 日公布的诺贝尔物理学奖得主中有两个美国科学家，他们就是因为在 1969 年发明了电耦合器件，也就是我们现在数码相机里的 CCD 而获奖。这个电耦合器件正是应用了爱因斯坦当年发现的光电效应理论而创造出来的。爱因斯坦当年的发现在沉寂了几十年后，终于把我们带进了一个美妙无比的数码影像世界。

看不见、摸不着的理论除了爱因斯坦的相对论还有很多。相对论是起源于对运动和时间的全新思考；量子力学则是从光的波粒二象性为起源；热力学第二定律又衍生出让我们更加琢磨不透的理论——黑体、混沌宇宙、宇宙演化（这其中也包括达尔文的生物演化理论）、系统论、突变、涌现等。

而这些全新的理论和全新的思维方式是爱因斯坦最先玩出来的吗？还不是。比爱因斯坦早几十年的达尔文也许是头一个玩新思维的玩家。达尔文提出的那个至今还被大伙儿争论不休的生物进化论，也是我们一般的思维根本无法理解和想象的。人类可怜的生命，只能在世上游荡区区几十年，最多一百来年。这么短的生命，想看见进化是完全不够也是完全不可能的。谁也别想在活着的时候看见猴子变成人的过程，做梦都别想。可达尔文也不过活了 73 岁，他凭什么就敢说生物是进化而来的而不是上帝创造的，难道他看见了？

达尔文凭着眼睛肯定是看不见的，不过凭着智慧，凭着爱因斯坦说的"想象"，达尔文看见了。达尔文虽然不是忠实的基督教徒，可受当时社会背景的影响，对上帝创造万物的事情也是毫不怀疑的。不过当他坐着"贝格尔号"围着地球转了一圈——在巴西的热带雨林他一天就抓住 68 种甲虫，一个早上他就从树上打下 80 多种不同的小鸟（好在那是 19 世纪，如果是现在一个早上打 80 多种鸟非蹲上半辈子监狱不可）后，达尔文不得不问自己，如此千变万化、新奇百怪的动物难道都是上帝创造的？达尔文开始怀疑了。

回去以后他又花了 20 多年的时间不断钻研，终于有一天达尔文明白了，他说："我逐渐认识到，《旧约全书》中有明显伪造世界历史的东西……我逐渐不再相信基督是神的化身以致最后完全不信神了。"达尔文的这种改变不仅仅是对《圣经》的否定，而且是人类思维方式的大胆飞跃。他认为进化是生物发展的唯一途径。

人是猴子变的，这不光上帝听见了不干，任何一个人刚一听说估计也会吓一大跳。所以达尔文的进化论从一开始就遭到来自各个方面人士的反对，其中神学家的反对是肯定的。

但除了神学家还有两方面的人也不同意进化论，这些人都是非常理性的人群。一方面是人文主义者，他们坚决反对达尔文物竞天择、适者生存、优胜劣汰的观点。人文主义者是提倡平等、提倡同情弱者的，他们哪能接受如此残酷的进化理论。

另一方面是科学家，他们有两种不同的看法：一种认为进化论提出的适者生存是毫无意义的，因为只要是生存着的生物，都是适者，不是适者我们也看不见了，达尔文说的是废话；另一种虽然不反对进化论的合理性，但他们认为进化论不具有预见性，也就是说谁也无法预见人或者猫将来会进化成啥样子，所以他们认为进化论不是一个完备的理论，而是一种对生物现象的描述。这些反对和争论一直到现在也没有停止过。

不过，无论达尔文的进化论多么废话、不完备、不具有预见性，在当代的生物学上却实实在在地起到了非常大的作用，并让我们享受到生物学的进步在农业、畜牧业和食品、药品还有化妆品等方面所带来的各种好处。因为，

进化论是人类智慧的一次真正的飞跃。

如今，这些思维方式的伟大飞跃和创新所带来的不仅仅是自然科学上的进步，同时对现代和将来的经济学、人类学、社会学和哲学诸多方面都具有非常重要的意义，人类已经走向了一个解开宇宙之谜，最终挑战斯芬克斯式微笑的时代。

而这一切，我们都别忘了要感谢几千年来那些伟大的、贪玩的、并不追求名利的玩家们。如同爱因斯坦1952年在拒绝了刚刚成立的以色列政府授予的总统职位后说的那样："政治是暂时的，而方程是永恒的。"

▶ 只有在感到饥饿的时候，我们才能对食物充满欲望；只有敢于大声说出"我不知道"，我们才能保持着不断学习、不断思考的科学精神。

第二十四章

保持饥饿，保留愚蠢

这本《贪玩的人类》到此也该告一段落。这本书把从几千年前到现在的许许多多玩家都数落了一遍，就像英国伟大的科学史家丹皮尔在他的诗中说的：

　　　　最初，人们尝试用魔咒，
　　　　来使大地丰产，
　　　　来使家禽牲畜不受摧残，
　　　　来使幼小者降生时平平安安。

　　　　接着，他们又祈求反复无常的天神，
　　　　不要降下大火与洪水的灾难，
　　　　他们的烟火缭绕的祭品，
　　　　在鲜血染红的祭坛上焚烧。

　　　　后来又有大胆的哲人和圣贤，
　　　　制定了一套固定不变的方案，
　　　　想用思维或神圣的书卷，
　　　　来证明大自然应该如此这般。

　　　　但是大自然在微笑——斯芬克斯式的微笑，
　　　　注视着好景不长的哲人和圣贤，
　　　　她耐心地等了一会——
　　　　他们的方案就烟消云散。

接着就来了一批热心人，地位比较卑贱，

他们并没有什么完整的方案，

满足于扮演跑龙套的角色，

只是观察、幻想和检验。

从此，在混沌一团中，

字谜画的碎片就渐次展现；

人们摸清了大自然的脾气，

服从大自然，又能控制大自然。

变化不已的图案在远方闪光，

它的景象不断变换，

却没有揭示出碎片的底细，

更没有揭示出字谜画的意义。

大自然在微笑——

仍然没有供出她内心的秘密；

她不可思议地保护着，

猜不透的斯芬克斯之谜。

斯芬克斯还在微笑，那我们是不是还要继续玩下去呢？

用乔布斯 2005 年 6 月 12 号在斯坦福大学毕业典礼上发言的最后一句话来说明这个问题似乎挺合适："Stay hungry, stay foolish。"

让我们保持饥饿，保留愚蠢！

参考文献

阿尔伯特·爱因斯坦. 相对论[M]. 易洪波，李智谋，译. 重庆：重庆出版社，2007.

阿尔温·托夫勒. 第三次浪潮[M]. 朱志焱，潘琪，张焱，译. 北京：生活·读书·新知三联书店，1984.

奥古斯丁. 上帝之城[M]. 王晓朝，译. 北京：人民出版社，2006.

奥古斯丁. 忏悔录[M]. 周士良，译. 北京：商务印书馆，2009.

比尔·盖茨. 未来之路[M]. 辜正坤，译. 北京：北京大学出版社，1995.

达尔文. 物种起源[M]. 舒德干等，译. 北京：北京大学出版社，2005.

丁建定等. 世界通史近代史卷[M]. 河南：河南大学出版社，2000.

房龙. 宽容[M]. 迓卫，靳翠微，译. 北京：生活·读书·新知三联书店，1985.

房龙. 人类的故事[M]. 刘海，译. 陕西：陕西师范大学出版社，2002.

房龙. 房龙地理[M]. 纪何，滕华，译. 北京：中国人民大学出版社，2003.

费·卡约里. 物理学史[M]. 戴念祖，译. 广西：广西师范大学出版社，2008.

哥白尼. 天体运行论[M]. 叶式辉，译. 北京：北京大学出版社，2006.

龚绍方等. 世界通史·古代史卷[M]. 河南：河南大学出版社，2000.

卡尔·萨根. 神秘的宇宙[M]. 周秋麟，吴依俤，译. 天津：天津社会科学出版社，2008.

雷·斯潘根贝格，黛安娜·莫泽. 科学的旅程[M]. 郭奕玲，陈蓉霞，沈慧君，译. 北京：北京大学出版社，2008.

雷立伯. 西方经典英汉提要[M]. 北京：世界图书出版公司，2010.

欧几里得. 几何原本[M]. 燕晓东，译，北京：人民日报出版社，2005.

让·泰奥多里德. 生物学史[M]. 卞晓平，张志红，译. 北京：商务印书馆，2000.

魏格纳. 海陆起源[M]. 李旭旦，译. 北京：商务印书馆，1964.

吴国盛. 科学的历程[M]. 北京：北京大学出版社，2002.

许倬云. 万古江河：中国历史文化的转折与开展[M]. 上海：上海文艺出版社，2006.

薛定谔. 生命是什么[M]. 罗来鸥，罗辽复，译. 湖南：湖南科学技术出版社，2007.

亚里士多德. 形而上学[M]. 吴寿彭，译，北京：商务印书馆，1983.

亚里士多德. 天象论·宇宙论[M]. 吴寿彭，译，北京：商务印书馆，2007.

中国大百科全书出版社《简明不列颠百科全书》编辑部. 简明不列颠百科全书[M]. 北京：中国大百科全书出版社，1986.

W·C·丹皮尔. 科学史及其与哲学和宗教的关系[M]. 李珩，译. 广西：广西师范大学出版社，2009.

贪 玩 的 人 类
写 给 孩 子 的 科 学 史